90后
做妈妈

辅食，
宝贝这样吃

中日友好医院儿科主任医师
中国协和医科大学博士生导师

周忠蜀 编著

中国轻工业出版社

图书在版编目（CIP）数据

辅食，宝贝这样吃 / 周忠蜀编著. -- 北京：中国
轻工业出版社，2020.7
（90后做妈妈）
ISBN 978-7-5184-2945-5

Ⅰ.①辅… Ⅱ.①周… Ⅲ.①婴幼儿—食谱 Ⅳ.①TS972.162

中国版本图书馆CIP数据核字(2020)第050258号

责任编辑：由　蕾　　策划编辑：朱启铭　　责任终审：白　洁
封面设计：奇文云海　　版式设计：刘　涛　　责任监印：张京华

出版发行：中国轻工业出版社（北京东长安街6号，邮编：100740）
印　　刷：北京博海升彩色印刷有限公司
经　　销：各地新华书店
版　　次：2020年7月第1版第1次印刷
开　　本：787×1092　1/16　印张：13
字　　数：130千字
书　　号：ISBN 978-7-5184-2945-5　　定价：48.00元
邮购电话：010-65241695
发行电话：010-85119835　　传真：85113293
网　　址：http://www.chlip.com.cn
Email：club@chlip.com.cn
如发现图书残缺请直接与我社邮购联系调换
181482S3X101ZBW

前言

宝宝的成长只有一次，如果在饮食营养方面没有做到位，错过了宝宝发育的黄金期，就会直接影响其身体、心理、智能的发育。要让宝宝吃得既健康，又营养均衡，就需要科学喂养。

爸爸妈妈亲自给宝宝做好吃的啦

从几个月开始添加辅食最科学？宝宝多大断奶最为合适？断奶期又该如何喂养？辅食应该如何制作、如何添加？这些最为基础而重要的问题，也是父母最为关心和最需要学习的。本书将科学育儿领域先进的喂养理念带给大家，从科学的角度对新手爸妈进行权威安全的指导。

很多新手爸妈愿意亲自下厨为宝宝制作营养餐，但往往因缺乏知识或厨艺欠佳而导致宝宝不爱吃，甚至有时走入烹饪误区。为解决这些问题，我们精心策划了这本辅食书，希望借助儿童营养专家和儿科专家的贴心指导，让新手爸妈们在最短的时间内学会多种宝宝营养餐的制作方法，让宝宝吃得更健康，发育得更好。

小馋猫也要养成良好的饮食习惯

　　宝宝挑食怎么办？怎么才能激发宝宝对于食物的兴趣呢？想必很多家长都有类似的问题吧。本书中引入了日本著名养生学家提出的食育观点，从小对宝宝进行饮食教育，培养宝宝良好的饮食习惯，自发做到膳食平衡，并了解基本的食品安全问题及饮食文化。通过从小向宝宝灌输食品的营养价值，让宝宝认识到挑食的危害，养成健康的饮食习惯。食育还有助于培养宝宝正确的价值观。通过了解食物的来源和制作，可以让宝宝慢慢了解到付出才会有收获、做事要集中注意力，以及不可以浪费等道理。

目录

第三章　宝宝辅食的处理与保存方式◆60

辅食，宝贝这样吃

10 ~ 12 个月宝宝的营养辅食方案·149

第五章　食育：为宝宝培养健康的饮食习惯和正确的价值观◆172

第一章

第六个月，宝宝的味觉更丰富了

　　宝宝6个月了，终于可以尝试奶粉以外的食物了。许多妈妈这时也许就会开始疑惑，到底应该给宝宝吃些什么呢？本章介绍了宝宝健康成长需要的几大类食物，以及如何摄取这些营养物质。宝宝这时候的消化系统还没有发育完全，所以宝宝的食物更需要爸爸妈妈花时间去细致研究。

爸爸妈妈的辅食第一课

在身体准备好接受辅食后，宝宝会有种和以往不同的饿的感觉。因为现在比以前活动得更多，宝宝饿得也快，喝得也多。如果你吃饭时抱着宝宝，他甚至会仔细观察你是怎么吃东西的，说不准哪天就伸手抓你的食物了。宝宝已经开始想尝试一些不同的食物了。到 6 个月末的时候，除了吃奶，宝宝还会喜欢品尝你的每日三餐。宝宝对这个世界的味觉探索之旅已经开始了，这一路上必定妙趣横生，充满了欢声笑语，当然有时也可能弄得一团糟。

宝宝可以吃什么样的食物

在过去的 10 年里，关于"宝宝吃什么最健康"的研究已经取得了一定的成果。毋庸置疑的一点是，过多的食盐对宝宝肯定是有害的，还有过多的糖对宝宝也不好，因此，烹调食物时别再额外加糖，正常用量对宝宝来说已经很高了。

好吸收，不易过敏

大家天天吃的食物通常很安全，而那些漂洋过海、远道而来的食物，未必适合中国宝宝的消化吸收系统。另外，还要注意选择应季和本地的食物。应季的食物顺应自然，吸收自然的精华，营养更丰富，而且人工干预少，有害成分也少。本地食物不需要经过长途运输和长时间的保存，因此更新鲜。

富铁高能量糊状食物

根据宝宝的发育特点，建议先添加富含铁的高能量泥糊状食物。给大家推荐几款此类食品：猪肝泥、藕粉糊、鸡肝泥、红小豆泥、绿豆沙、鸡蛋黄、黑芝麻糊、小米粥、豌豆泥、瘦猪肉泥等。

辅食应保持食物原味

每一种食物都有它天然的味道，都有它自己的香味，我们应该让食物保持原味。通常来说，1岁以前宝宝的辅食中不需要额外加糖、盐。1岁以后的宝宝可以逐渐吃淡口味的膳食，但是每天盐的摄入量不要超过1克，我们成人每天的盐摄入量一般在4～6克。在给宝宝添加辅食的时候，蔬菜应该先于水果添加。水果味道较为酸甜，而蔬菜味道就没有那么受宝宝喜爱了。所以为了避免宝宝挑食只爱吃水果而不愿意吃蔬菜，在添加辅食的时候应该先添加蔬菜再添加水果。

顺应喂养和自主进食的重要性

顺应喂养的意思就是不要强迫喂食。吃辅食的主体是谁？是宝宝，不是我们家长。所以，在添加辅食的时候要注意以下几点。

第一，耐心喂食，鼓励进食，但是不强迫喂食。

第二，鼓励并协助宝宝用小勺或者用小碗自己进食，培养宝宝进食的兴趣。

第三，进食的时候关掉电视，不看电视，也不要让宝宝玩玩具，家长注意不要把手机放在餐桌上。

第四，每次进餐的时间不要超过20分钟。

第五，喂食者跟宝宝应该有充分的交流。

第六，平时不要用食物奖励或者惩罚宝宝。

第七，父母自己应该保持良好的进食习惯，成为宝宝的榜样。

宝宝辅食的添加原则

每个宝宝的发育程度不同，每个家庭的饮食习惯也有差异，为宝宝添加的辅食品种、数量也会不同。但总的来说，为宝宝添加辅食应遵循以下原则。

由稀到稠，由细到粗

在刚开始添加辅食时，食物可以稀一些，使宝宝容易咀嚼、吞咽、消化；待宝宝适应之后，再逐渐改变辅食质地，从流质到半流质、糊状、半固体，再到固体。例如，先添米汤，然后添稀粥、稠粥，直至软饭；先给菜泥，然后给碎菜或煮熟的蔬菜粒。

由一种到多种

为宝宝添加其从未吃过的辅食时，每次只能加一种，5～7天后再试着添加另一种，逐步增加辅食品种。有时候宝宝可能不喜欢新添加的食物，会把食物吐出来，这时家长要有耐心，可以反复地让宝宝尝试，但不要强迫宝宝吃。

宝贝需要很多营养：营养配餐原则

宝宝要吃的六类食物

奶

辅食之所以被称为辅食，意在其暂时还不能替代母乳或配方奶成为主食。在宝宝出生后的 12 个月之内，宝宝仍然需要大量的奶来满足最基本的身体营养需求。母乳中含有大量的蛋白质、免疫物质、脂肪、维生素、矿物质等成分，可以有效帮助宝宝提高免疫力，减少疾病发生。母乳的营养比例合适且是纯天然，更容易被宝宝消化吸收。母乳对于宝宝大脑以及身体发育十分重要，所以在添加辅食的时候不要急着断奶。

谷物

宝宝应该吃到的第一种辅食就是谷物——米粉。米粉中含有丰富的碳水化合物，可以给宝宝提供足够的能量来支持他一整天的活动。

蔬菜

不同种类的蔬菜中含有不同的矿物质与维生素。在宝宝成长的关键时期，这些多种多样的营养物质是保证宝宝正常发育的基本的元素，需要爸爸妈妈们特别注意。在制作蔬菜汁和菜泥时，不要烹煮太久，以防蔬菜中的营养流失太多。

水果

水果中含有丰富的维生素，且口味酸甜，是宝宝比较喜爱的食物。水果可以促进宝宝的肠胃吸收，是宝宝日常饮食中非常重要的组成部分。

肉

因为宝宝的消化系统在慢慢发育，肉类在辅食中添加得较晚。但这并不妨碍其成为为宝宝补充蛋白质、脂肪与能量的重要食材。

蛋

蛋类含有丰富的蛋白质，但因为不是很好消化，且有的宝宝会对其有过敏现象，所以一般要稍晚再添入辅食。

辅食，宝贝这样吃

宝宝每种食物应该吃多少

6个月

6个月的宝宝辅食添加的主要食材是谷物（如含铁米粉），用来给宝宝补充一定量的铁元素与支持宝宝一天内活动的能量与糖分。除此之外可以适当添加性味温和的水果与蔬菜，帮助宝宝补充维生素。除此之外，宝宝每天还应该喝800～1000毫升的奶（包含母乳与配方奶，全书同）来维持脂肪与蛋白质的基本需求。

7~9个月

7～9个月宝宝的辅食中除了之前添加的米粉、蔬菜、水果之外，还可以添加蛋黄泥。蛋黄的摄入量不宜太多，一天一个就足够。在这个阶段可以增加宝宝每天的米粉、蔬菜和水果摄入量，为越来越活跃的宝宝提供足够的营养。同时宝宝应该继续每天喝800毫升左右的奶来补充脂肪与蛋白质。

10~12个月

10～12个月的宝宝食量更大了，此时可以开始在宝宝的辅食中添加肉类了，但是刚开始添加的量不要太大。蔬菜、水果、米粉可以适当增量来满足宝宝的需求，但蛋黄应还是保持在一天一个的量。同时宝宝每天还要喝600～800毫升的奶。

宝宝每天摄入的食物量搭配参考（以5克为1份）

	奶	谷类	蔬菜	水果	肉	蛋
6月龄	800～1000毫升	少量	少量	少量		
7～9月龄	800毫升	6份	5份	4份		1个
10～12月龄	600～800毫升	10份	10份	10份	5份	1个

宝宝辅食中可以添加的调味料

　　宝宝月龄稍大后（8个月之后）可以在辅食中添加少量的草本调味料，这样可以在不添加盐和糖的情况下丰富宝宝的味蕾。这类调味料包括香草、黑胡椒、罗勒、迷迭香、莳萝、姜、肉桂、薄荷、豆蔻、茴芹等。加入调味料时一定要注意用量，稍有味道即可，不要口味太重。

第二章

适合宝宝的辅食更健康

　　除了让宝宝换换口味，辅食最主要的作用是从饮食上给宝宝添加成长所需要的营养物质。由于宝宝的消化系统在逐步发育，所以不同月龄的宝宝适合吃的食物性状有所不同。宝宝所需的营养物质要从多种食物中获得，及时补充这些微量元素才能让宝宝健康茁壮地成长，远离营养不良。

这可是宝宝第一次吃辅食

宝宝从什么时候开始添加辅食最好？目前比较一致的观点认为，足月产的宝宝应该在 16 周以后添加辅食，但是如果是早产儿，还应该算入早产的时间。有些断奶时间更晚的宝宝，要到 6 个月底的时候才能完全适应辅食。即使每次辅食的摄入量都不大，也没关系，应该顺其自然。过早地给宝宝添加辅食可能引起疝气痛，也可能导致便秘和腹泻。如果宝宝出现食物不耐受，很可能是过早添加辅食的缘故。每个宝宝都需要时间来适应辅食。

如何掌握开始添加辅食的时间

体重

当宝宝的体重已经达到出生时体重的 2 倍时，就可以考虑添加辅食了。例如，出生时体重为 3.5 千克的宝宝，当其体重达到 7 千克时，就应该添加辅食了。如果出生时体重较轻，在 2.5 千克以下，则应在体重达到 6 千克以后再开始添加。

发育情况

在体格发育方面，宝宝能扶着坐，俯卧时能抬头、挺胸、用两肘支撑身体重量；在感觉发育方面，宝宝开始有目的地将手或玩具放入口内来探索物体的形状及质地。这些情况的出现，表明宝宝已经有接受辅食的能力了。

吃奶量

如果每天宝宝喝母乳的次数多达 8 ～ 10 次，或吃配方奶的宝宝每天的吃奶量超过 1000 毫升，则需要添加辅食。

特殊动作

当匙触及口唇时，宝宝表现出吸吮动作，并将食物向后送、吞咽下去。当宝宝触及食物或触及喂食者的手时，露出笑容并张口。有了这样的表现，说明宝宝已为接受辅食做好了准备。

辅食，宝贝这样吃

6 个月

食物添加顺序与性状：泥糊状

一段米粉（适合辅食添加初期）→含铁的高热量泥糊状食物→根茎类蔬菜→性味平和的水果

　　首先应该为 6 个月的宝宝添加含铁米粉，接下来就是肉泥、肝泥、蛋黄泥等富含铁的泥糊状食物。待宝宝适应了这两类食物以后，可以添加一些根茎类蔬菜，比如土豆泥、红薯泥、胡萝卜泥，先添加蔬菜，再添加水果，从苹果、香蕉、梨、橙子这些性味平和的水果开始添加。刚开始添加的时候可以在果汁和果泥中加一点温水，把辅食做成细滑的泥糊状。在宝宝慢慢适应后，再渐渐地减少水分，增加辅食的粗糙感。

　　刚开始给宝宝添加辅食时，一定要注意加的量不要太大，从一小勺开始，一点点增量。1 岁以前的宝宝主要的食物仍然是母乳。辅食，顾名思义，就是辅助的食物。辅食的量太大，宝宝消化吸收不了，可能引起消化不良，导致摄入的奶量下降，使宝宝出现营养问题。

7 ～ 9 个月

食物添加顺序与性状：颗粒状

二段米粉（适合7～36个月宝宝）→粥→蛋羹→豆腐→鱼、虾→更多种类的蔬菜、水果

为7～9个月大的宝宝准备辅食，可以添加的食物种类就更丰富了，一段米粉可以换成二段米粉，可以喝粥，还可以吃蛋羹、豆腐。对没有过敏史的宝宝，还可以在其辅食中添加鱼、虾，以及更多的蔬菜和水果，特别是深绿色的叶菜，最好每天的辅食中都有。

这阶段的宝宝舌头不仅能够前后运动，而且可以上下运动，可以闭着嘴靠舌头的蠕动和上腭配合，将软软的颗粒状食物碾成碎粒和碎末，搅和成泥糊状，再咽到咽部。给这个阶段的宝宝准备食物不可以切得太碎，太碎的食物不利于宝宝练习咀嚼和吞咽，也不利于增强宝宝舌头的灵活性。咀嚼功能差可能会耽误宝宝语言的发展。

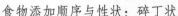

10 ～ 12 个月

食物添加顺序与性状：碎丁状

稠粥→软面食

10～12个月龄的宝宝，基本上日常的食物都品尝过了，爸爸妈妈可以在辅食的形式上有更多的花样，比如，可以添加点稠粥、烂面条、小馄饨、小饺子、软饼、颗粒比上一阶段更大的蔬菜和水果等。10个月大的宝宝，牙齿一般有五六颗了，大多是上边有四颗下边有两颗。但是也有发育正常的宝宝，10个月甚至1岁才开始出牙。

这个阶段的宝宝舌头不仅能够上下活动，而且也能左右活动。不仅能用舌头碾碎食物，而且可以把食物推到口腔的左右，用牙床来咬碎食物，咀嚼食物。食物的性状从碎末状逐渐过渡到黄豆粒大小的碎丁状，硬度可以是像香蕉那样。

婴儿辅食添加顺序表

月龄	添加的辅食品种	供给的营养素
6	米粉糊、麦粉糊、粥等淀粉类	热量
	蛋黄、无刺鱼泥、动物血、肝泥、大豆蛋白粉或豆腐花或嫩豆腐	蛋白质、铁、锌、钙、B族维生素
	叶菜汁（先）、果汁（后）、叶菜泥、水果泥	维生素C、矿物质、纤维素
7～9	稀粥、烂饭、饼干、面包	热量
	无刺鱼、鸡蛋、肝泥、动物血、碎肉末、大豆制品	蛋白质、铁、锌、钙、B族维生素
	蔬菜泥、水果泥	维生素C、矿物质、纤维素
10～12	稀粥、烂饭、饼干、面条、面包、馒头等	热量
	无刺鱼、鸡蛋、肝泥、动物血、碎肉末、黄豆制品	蛋白质、铁、锌、钙、B族维生素
	蔬菜泥、水果泥	维生素C、矿物质、纤维素

辅食补足宝宝成长所需的营养

　　6个月以内的宝宝体内还有母体带来的多种营养物质，单纯的母乳或奶粉喂养就可以满足其机体生长发育的基本需要。但随着月龄的增长，宝宝身体发育需要的营养素愈来愈多。从表面上来看宝宝吃的奶量是足够的，但是摄入的各种营养素却不足，如蛋白质、铁、钙、维生素等。当宝宝的体重长到一定程度时，奶量也变得不够，此时单靠母乳喂养或奶粉喂养，根本不能满足宝宝生长发育需要。所以，必须在适当的时候添加辅助食品。无论是母乳喂养、混合喂养还是人工喂养的宝宝，都要及时添加辅食。

帮助宝宝适应不同的食物形态

　　不同月龄的宝宝，其咀嚼、吞咽的能力不同。一般来说，6个月的宝宝适合添加半流质、细腻嫩滑的辅食，如米粉糊、水果泥、菜泥等，其主要目的是让宝宝习惯用勺进食。

　　7～9个月宝宝的辅食可以稠厚一些，如肝泥、肝粉、面条、饼干、肉末、碎菜等，以训练宝宝的咀嚼和吞咽能力。10个月以上的宝宝，辅食以半固体、固体为主，如软饭、面包、馒头、碎肉、菜等，以便使宝宝能获得足够的热量和各种营养素，并帮助他们逐渐向成人饮食过渡。

　　以上这些循序渐进的做法会让宝宝更容易尝试和适应不同的食物形态。

训练宝宝咀嚼等多方面能力

　　6个月以后的宝宝，母乳已经不能完全满足他们的营养需求，此时就需要通过添加各种辅食来补充。

　　第一，辅食可以锻炼宝宝的咀嚼、吞咽能力，帮宝宝为日后独立吃饭做准备，因为辅食一般为半流质或固态食物。另外，宝宝的饮食逐渐从单一的奶类过渡到多样化的食物，这也是在为断奶做准备。

　　第二，辅食还有利于宝宝的语言发展。宝宝在咀嚼、吞咽辅食的同时，还能充分锻炼口周和舌部的小肌肉，这对其今后准确地模仿发音、发展语言能力有着重要意义。

　　第三，辅食还能帮助宝宝养成良好的生活习惯。从6个月起，宝宝逐渐形成固定的饮食、睡眠等各种生活习惯。因此，在这一阶段及时科学地添加辅食，有利于宝宝建立良好的生活习惯，使宝宝终身受益。

　　第四，辅食还能促进宝宝的智力发育。研究表明，添加辅食恰恰可以调动宝宝的多种感觉器官，而眼、耳、鼻、舌、身的视、听、嗅、味、触等感觉给予宝宝的多种刺激，可以丰富他的经验，启迪智力。

宝宝需要的营养素

给宝宝添加辅食，应先单一食物后混合食物，先流质食物后固体食物，先谷类、水果、蔬菜，后鱼、肉。千万不能在刚开始添加辅食时，就给宝宝吃鱼、肉等不容易消化的食物。要按不同月龄，添加适宜的辅食品种。

碳水化合物

营养解读

碳水化合物是人体需求量最大的一种营养素，能为宝宝的身体提供热量。婴幼儿需要的碳水化合物按体重比比成人多，1岁以内的宝宝每日每千克体重需要12克碳水化合物。

生理功能

碳水化合物提供宝宝身体正常运作需要的大部分能量，起到保持体温、促进新陈代谢、驱动肢体运动和维持大脑神经系统正常功能的作用。碳水化合物中有一种不被消化的纤维，有吸水和吸脂的作用，有助于宝宝大便畅通。

主要来源

碳水化合物的主要食物来源有：蔗糖、谷物（如水稻、小麦、玉米、大麦、燕麦、高粱等）、水果（如甘蔗、甜瓜、西瓜、香蕉、葡萄等）、坚果、蔬菜（如胡萝卜、红薯）等。

缺乏表现

膳食中缺乏碳水化合物时，宝宝会显得全身无力、精神不振，有的宝宝还会出现便秘现象。由于热量不足，会引起体温下降，表现为正常的温度下也畏寒怕冷。如果长期得不到足够的碳水化合物，宝宝的身体发育会迟滞甚至停止，体重也会下降。

糖等于碳水化合物吗

碳水化合物是由碳、氢、氧 3 种元素所构成的一类化合物。日常人们所说的糖，大多是指蔗糖，也包括一些具有甜味的碳水化合物，如葡萄糖、麦芽糖等。所以，严格地说，糖只是碳水化合物中的一种。婴儿饮食中的糖类多为乳糖和蔗糖，乳糖来源于各种奶类。初生的宝宝能消化、吸收乳糖，但对蔗糖消化能力差。

宝宝需要喂糖水吗

不要给新生宝宝喂糖水，因为母乳中含有足够的水分来保证宝宝的需要，宝宝不会感到口渴。如果给宝宝喂糖水，会影响宝宝的食欲，减少宝宝吸吮时的力度，降低对乳头的刺激，使母乳分泌量减少，甚至还有可能造成奶瓶错觉而拒绝母乳，导致母乳喂养失败。另外，糖水会使宝宝胃内产气增加，易引起肚胀，使用奶嘴喂糖水还容易增加感染的机会。

脂肪

营养解读

脂肪的主要功能是供给热量及促进脂溶性维生素 A、维生素 D、维生素 E、维生素 K 的吸收，减少体热散失，保护脏器不受损伤。每克脂肪能提供热量 9000 卡（1 卡 =4.2 焦耳），脂肪提供的热量占每日总热量的 35%～50%。不饱和脂肪酸和饱和脂肪酸是脂肪的主要成分，其中部分不饱和脂肪酸在人体内不能由碳水化合物和蛋白质合成，必须由食物供给，因此脂肪为营养素中不可缺少的组成部分。

生理功能

脂肪为宝宝身体提供热量，单位脂肪在体内分解产生的热量比同单位蛋白质或碳水化合物高 1 倍多，是构成细胞膜的重要物质。皮下脂肪有维持正常体温的作用，内脏器官周围的脂肪垫有缓冲外力冲击、保护内脏的作用，还可以提供宝宝生长发育必需的脂肪酸。

主要来源

猪肉、牛肉、羊肉、鸡肉、鸡蛋、大豆、花生仁、核桃仁、芝麻、葵花子、松子仁等。

缺乏表现

婴儿每日每千克体重需要脂肪 4 克，脂肪摄入量不足时，宝宝身体消瘦，面无光泽，还会造成脂溶性维生素 A、维生素 D、维生素 E、维生素 K 的缺乏，从而引发相应的疾病。而且，宝宝的视力发育会受到严重影响，表现为视力功能较差，出现弱视等倾向。

宝宝什么时候应该多摄入脂肪

在冬季，身体需要较多的热量保暖；活动量大的时候，宝宝热量消耗得多，就是应该给宝宝多吃高脂食品的时候。

蛋白质

营养解读

蛋白质是人体结构的主要成分，其含量仅次于水。婴幼儿的生长发育较快，不仅修复机体组织需要蛋白质，生长发育也需要蛋白质，所以宝宝需要的蛋白质比成人更多。蛋白质由 20 余种氨基酸组成，其中 9 种氨基酸是宝宝生长发育所必需的。如果必需氨基酸供给不足，人体就不能合成足够数量需要的蛋白质。

生理功能

蛋白质是构成细胞、组织和器官的主要"材料"，婴幼儿的生长发育离不开蛋白质。蛋白质对维持体内酸碱平衡和水分的正常分布有重要作用。在宝宝体内新陈代谢过程中起催化作用的酶、调节生长和代谢的各种激素，以及有免疫功能的抗体，都是由蛋白质构成的。

主要来源

奶、蛋、鱼、瘦肉等动物性食物蛋白质含量高、质量好，大豆含有丰富的优质蛋白质，谷类含有约 10% 的蛋白质。

缺乏表现

缺乏蛋白质时，宝宝往往表现为生长发育迟缓、体重减轻、身材矮小、偏食、厌食，同时，对疾病抵抗力下降，表现为容易感冒、伤口不易愈合等。

通过其他食物补充蛋白质

虽然肉是补充蛋白质的首选食品，但宝宝不吃肉也不必过于担心，因为奶制品、豆制品、鸡蛋、面包、米饭、蔬菜等其他食物中也含蛋白质，如果每日喝2杯奶、吃3～4片面包、1个鸡蛋和3匙蔬菜，所含的蛋白质总量也有30～32克，基本上能满足宝宝的生长需要。

肉食一定要做得软、烂、鲜嫩

很多小宝宝之所以不爱吃肉，是因为肉比别的食物咀嚼起来费力，因此肉食一定要做得软、烂、鲜嫩。

辅食，宝贝这样吃

蛋白质摄入越多越好吗

在人体所需要的六大营养素中，蛋白质是最主要的，但蛋白质并非吃得越多越好。蛋白质吃得过多，有以下几方面的弊端。

第一，增加肝脏的负担。由于胃和小肠来不及消化、吸收，过多的蛋白质完好无损地进入结肠，而结肠中所寄生的大量细菌会将蛋白质分解成许多对人体有害的胺类、硫化氮和氨气等，部分胺类和氨气可被肠壁吸收进入血液中，从而增加肝脏的负担。

第二，加重肾脏的负担。宝宝的消化器官还没有完全成熟，如果蛋白质摄取过量，蛋白质中的氨基酸在代谢时会增加含氮废物的形成，从而进一步加重肾脏的负担。

第三，引发疾病。过多的蛋白质会引起肾小球动脉硬化症等疾病。

第四，影响钙的吸收。过多的蛋白质可促使钙从小便中排泄，因此经常吃高蛋白饮食的人容易发生缺钙。

水

营养解读

　　水是人体不可缺少的组成成分，人体的各种生命活动都离不开水。婴幼儿正处在迅速生长发育的时期，水的需求比成人更多。1 岁以下的宝宝每日每千克体重需水量为 125 ~ 150 毫升，以后每长 3 岁，每千克体重需水量减少 25 毫升。根据这些数据，宝宝每天需要多少水，大致可以推算出来。

生理功能

　　水是构成体内细胞的主要成分，是体内一切代谢反应的媒介，是输送养分和排泄废物的媒介，还可以提供一些矿物质和微量元素。

主要来源

　　宝宝每天需水量的 60% ~ 70% 来自于饮食，30% ~ 40% 靠饮水补充。

缺乏表现

　　宝宝缺水时会表现为睡眠不安，不明原因地哭闹。如果是在炎热的夏季，还会有体温升高的现象。

到底喝什么水好

许多妈妈愿意给宝宝买饮料喝，认为饮料口味好，宝宝愿意喝。这种想法是不对的，且不说饮料中的添加剂、防腐剂对宝宝成长不利，单是饮料中糖分过多，就会影响宝宝食欲。宝宝到正餐时间不想吃饭，日久天长，身体会逐渐清瘦。其实白开水才是最好的饮料，因为它口感清爽，不甜腻，不影响食欲，对宝宝生长发育最有利。

怎样给宝宝补水

婴幼儿皮肤结构和功能仍在完善中，加上活动时容易出汗，肾脏浓缩尿液的功能不完善，因此对水的需求量比成人更大。怎样给宝宝补水呢？按每日每千克体重计算，1 岁以内宝宝每日每千克体重约需水 150 毫升。如果宝宝体重为 6 千克，1 天需水量为900 毫升，再减去一天的奶中所含的水量，假定为 750 毫升，那么其余 150 毫升为应补充的水分。补充水的时间应安排在两次喂奶之间。

矿物质——钙

营养解读

钙是人体内含量最多的矿物质，大部分存在于骨骼和牙齿之中。钙和磷相互作用，帮助制造健康的骨骼和牙齿；它还和镁相互作用，维持心脏和血管的健康。一般 6 个月内的宝宝每天需要 300 ～ 400 毫克钙，7 ～ 12 个月的宝宝每天需要 400 ～ 600 毫克钙。

生理功能

钙是构成骨骼、牙齿的主要成分，可降低神经肌肉的兴奋性和维持心肌的正常收缩，可降低毛细血管和细胞膜的通透性，参与凝血过程。

主要来源

钙的主要来源为：虾皮、虾米、海带、紫菜等海产品，豆制品，牛奶、酸奶、奶酪等奶制品，蔬菜中的金针菜、胡萝卜、小白菜、小油菜等。此外，鸡蛋的含钙量也较高。

缺乏表现

宝宝缺钙时常表现为：多汗（与温度无关），尤其是入睡后头部出汗，使宝宝头颅不断摩擦枕头，久之，颅后可见枕秃圈；精神烦躁，对周围环境不感兴趣；夜间常突然惊醒，啼哭不止；出牙晚，前囟门闭合延迟；前额高突，形成方颅；缺乏维生素D和钙常出现串珠肋，即肋软骨增生，各个肋骨的软骨增生连起似串珠样，常压迫肺脏，使宝宝通气不畅，容易患气管炎、肺炎；缺钙严重时，肌肉肌腱均松弛，表现为腹部膨大、驼背，1岁以内的宝宝站立时呈X形腿、O形腿。

每个宝宝都要补钙吗

宝宝生长速度很快，钙的需要量相对较多，但我国居民每天膳食中钙的摄入量往往达不到推荐的摄入量标准。因此，现在主张宝宝从出生后两周起，便应该额外补充1/3推荐量的钙剂，而且至少要一直补充到2岁，否则很容易缺钙。

如何选择钙剂

判断钙剂的好坏，除考虑卫生学指标，如细菌含量、重金属（铅、汞、镉）是否超标等，主要有以下参考标准。

第一，含钙量。不同的钙制剂含钙量相差很大，如碳酸钙的含钙量为40%，而葡萄糖酸钙含钙量仅9%，一般情况下应当选用含钙多的钙制剂。

第二，溶解度。溶解是吸收的前提，应选择溶解度大的钙剂。有些难溶性钙剂（如碳酸钙）会在酸性的胃里转变成溶解度很大的氯化钙，因此，在挑选时考虑片剂的溶解度也十分重要。

第三，吸收率。吸收率高低是判断钙剂好坏的重要标准，在排除影响因素之后，钙剂的吸收率越高越好。

第四，口感。口感也是选择钙剂的重要标注之一，优良的口味可获得宝宝良好的依从性。反之碱性过大的钙盐（氢氧化钙、氧化钙）不仅口感差，而且会刺激胃黏膜，消耗大量胃酸。

第五，价格。给宝宝补钙是一个长期的过程，在购买前要测算一下"钙价比"。

补钙还缺钙，该怎么办

令很多妈妈非常困惑的是，自己明明给宝宝补钙了，可宝宝偶有不适去看医生，医生说得最多的还是缺钙，有没有改善的好办法呢？

第一，同补鱼肝油。单纯补钙并不能增加宝宝对钙的吸收，钙要在维生素D的帮助下才能顺利地被吸收。由于日常膳食中所含的维生素D并不多，而宝宝每天钙的需要量是400国际单位，因此2岁以下的宝宝每天还要补充适量的鱼肝油。

第二，多晒太阳。皮肤中的脱氢胆固醇能在紫外线的照射下，转变成维生素D，因此最好能让宝宝多参加户外活动并多晒太阳。

矿物质——铁

营养解读

　　铁是造血原料之一。宝宝出生时身体内有由母体获得的铁，可供 3 ～ 4 个月之需。由于母乳、牛奶中含铁量都较低，如果 6 个月后不及时添加含铁丰富的食品，宝宝就易出现营养性或缺铁性贫血。婴幼儿每天铁的需求量为 10 ～ 12 毫克。

生理功能

　　铁与蛋白质结合形成血红蛋白，在血液中参与氧的运输，构成人体必需的酶，参与各种细胞代谢的最后氧化阶段及二磷酸腺苷的生成。

主要来源

　　富含铁的食物有：动物的肝、心、肾，蛋黄，瘦肉，黑鲤鱼，虾，海带，紫菜，黑木耳，南瓜子，芝麻，黄豆，绿叶蔬菜等。另外，动植物食品混合吃，铁的吸收率会大大提高，因为富含维生素 C 的食品能促进铁的吸收。

宝宝缺铁的原因有哪些

　　宝宝缺铁的原因是多方面的，最常见的有以下几种。

　　第一，先天储存铁不足。早产、双胎、胎儿失血及母亲患有严重的缺铁性贫血，都有可能使胎儿储铁减少。

第二，铁摄入量不足。单纯用乳类喂养而不及时添加含铁较多的辅食，容易发生缺铁。

第三，生长发育快。婴儿期宝宝发育较快，早产儿体重增加更快。随体重增加，宝宝的血液量也会增加较快，如不添加含铁丰富的食物，宝宝尤其是早产儿很容易缺铁。

第四，铁流失过多。正常来说，宝宝每天代谢的铁比成人多。出生后2个月内，由粪便排出的铁比由饮食中摄入的铁多，由皮肤损失的铁也相对较多。

大枣、赤豆等红色食物是不是补血佳品

食物补血功效的大小，完全取决于它所含铁质的多少，以及吸收率的高低。大枣、赤豆色泽红艳，民间认为它们具有较好的补血功效，但实际上并非如此。大枣、赤豆含铁量并不高，且豆类的表皮含有较多的植酸，可与铁质结合成不溶于水的植酸铁，因此铁吸收率低，仅3%左右（加工成豆制品则吸收率可提高到7%左右）。可见，大枣、赤豆并非补血佳品。

为什么补铁时不能同时喂牛奶

由于母乳和牛奶中铁含量较少，易造成宝宝缺铁性贫血，有些妈妈在宝宝 4 ~ 5 个月时就开始补铁，或是有意识地给宝宝增加含铁的食物，比如蛋黄、肝泥等，或是干脆用医生开的铁剂。但有时为了方便喂食，妈妈会将含铁的食物或铁剂溶入牛奶中喂给宝宝，殊不知这样做不利于铁的吸收。因为牛奶中富含磷酸盐，会与食物或铁剂中的铁成分发生化学反应，使铁发生沉淀而不利于被宝宝吸收。

缺乏表现

铁元素缺乏最直接的危害就是造成宝宝缺铁性贫血。患缺铁性贫血的宝宝常常表现为：疲乏无力；面色苍白；皮肤干燥、角化；毛发无光泽、易折、易脱；指甲条纹隆起，严重者指甲扁平，甚至呈"反甲"；易患口角炎、舌炎、舌乳头萎缩。一些患缺铁性贫血的宝宝还可能有"异食癖"，如喜食泥土、墙皮、生米等，约 1/3 患缺铁性贫血的宝宝会出现易怒、易动、兴奋、烦躁等症状，甚至出现智力生理功能障碍。

矿物质——锌

营养解读

锌是人体生长发育、生殖遗传、免疫、内分泌等重要生理过程中必不可少的物质。母乳所含的锌生物利用率比较高，人工喂养的宝宝更应该尽早添加富含锌元素的辅食。另外，断乳期辅食添加应充足，喂养要适当，以免宝宝出现锌摄入不足的问题。关于锌的摄入量，1～6个月的宝宝每天为5毫克，7～12个月的宝宝每天为8毫克。

生理功能

锌元素参与酶的合成与激活，有加速生长发育的作用，对维持正常食欲、维持正常的免疫功能、促进伤口愈合和视力发育有重要作用，并有益于维持脑的正常发育。

主要来源

含锌量高的食物有牡蛎、蛏子、扇贝、海螺、海蚌、动物肝脏、禽肉、瘦肉、蛋黄、蘑菇、豆类、小麦芽、酵母、干酪、海带、坚果等。一般说来，动物性食物含锌量比植物性食物含锌量高。

缺乏表现

缺锌会导致宝宝味觉变差、厌食，智力减退，生长发育迟缓及性晚熟等，还易导致"异食癖"、皮肤色素沉着、皮炎等。此外，缺锌还会使宝宝免疫力降低，增加腹泻、肺炎等疾病的感染率。另外，患有佝偻病和贫血的宝宝多缺锌。

补锌需注意哪些问题

给宝宝补锌，无论是食补还是药补，为取得理想效果，以下几点必须注意。

第一，注意补锌的季节性。夏季由于气温高，宝宝食欲差，进食量少，锌的摄入量必然随之减少，加上大量出汗所造成的锌流失，补锌量应当高于其他三季。

第二，谨防药物干扰。四环素和维生素C会与锌发生反应，类似药物还有青霉胺、叶酸等。补锌时应尽量避免使用这些干扰补锌效果的药物。

第三，食品要精细。蔬菜、燕麦等粗纤维多，麸糖及谷物胚芽含植酸盐多，而粗纤维及植酸盐均会阻碍锌的吸收，所以补锌期间的食品更应当精细些。

第四，莫忘同时补充钙与铁。由于钙、铁、锌有协同作用，因而在补锌的同时补充钙与铁两种矿物质元素，可促进锌的吸收与利用。

矿物质——铜

营养解读

铜是人体必需的微量矿物质，存在于红细胞内外，可帮助铁质传递蛋白，在血红素形成过程中扮演催化的重要角色。而且在食物烹饪过程中，铜元素不易被破坏掉。

生理功能

铜能帮助铁质的吸收，帮助形成血红素，提高活力，并促使酪氨酸被利用，令宝宝拥有乌黑的头发。

主要来源

含铜丰富的食物有动物内脏、鲜肉、鱼、螺、牡蛎、蛤蜊、豆类、核桃、栗子、花生、葵花子、芝麻、蘑菇、菠菜、香瓜、柿子、杏仁、白菜、红糖等。

缺乏表现

铜缺乏症主要见于6个月以上的宝宝，一般表现为缺铜性贫血，症状特征与缺铁性贫血相似，如肤色苍白、头晕、精神萎靡，严重时可引起视觉减退、反应迟钝、动作缓慢等。部分缺铜的宝宝有食欲不振、腹泻、肝脾肿大等症状。缺铜性贫血还会影响骨骼的生长发育，造成骨质疏松，甚至出现自发性骨折和佝偻病。

铜有助于宝宝长高吗

据医学专家研究发现，超过同年龄平均身高的儿童，铜的摄入量普通偏高，而低于平均身高的儿童，铜的摄入量相对普遍也低。一般来说，后者铜的摄入量要比前者少 50% ~ 60%。为什么会出现这种现象呢？原来，当体内的铜缺少时，酶在细胞里活性会降低，蛋白质代谢缓慢，结果阻碍和抑制了骨组织的生长。因此，要想宝宝身高发育正常，妈妈就要注意调配膳食，增加含铜食物的摄入。

如何防治宝宝缺铜

虽然硫酸铜价格低廉，但极易摄取过量而引起中毒，所以实际上很少使用。防止宝宝缺铜的最好方法是吃富含铜的食物。

含铜丰富的食物

一般来说，贝类食物（如牡蛎、赤贝等）及坚果（如核桃、花生、榛子等）含铜最丰富；其次是动物的肝和肾、谷类的胚芽及豆类。蔬菜和母乳中含铜较少，牛奶含铜极微。

常吃动物性食物

慢性腹泻时容易缺铜，特别是用奶粉哺喂和母乳喂养后期的宝宝，更要注意预防铜的缺乏。只要常吃动物性食物，特别是海产品，基本上能从日常膳食中获得足够的铜。

矿物质——碘

营养解读

碘是人体必需的微量元素，也有人称之为智力元素，国际医学界的检测结果显示，人类智力的损害中有80%是因为缺碘导致的。0～2岁是脑细胞发育的关键时期，此时碘营养是否正常，直接影响到孩子一生的智力水平。

生理功能

人体内80%的碘存在于甲状腺中，碘的生理功能主要通过甲状腺激素表现出来，不仅在调节机体物质代谢方面必不可缺，对婴幼儿的生长发育也非常重要。

主要来源

含碘的食物有黄豆、赤豆、绿豆、大枣、花生米、豆油、豆芽、豆腐干、百叶、菜籽油、鸭蛋等。海带、紫菜、海蜇、蛤蜊、虾皮、鱿鱼等海产品含碘量尤为丰富。

缺乏表现

缺碘可引起克汀病，患儿表现为智力低下，听力、语言和运动障碍，身材矮小，上半身比例大，有黏液性水肿，皮肤粗糙干燥，面容呆笨，两眼间距宽，鼻梁塌陷，舌头经常伸出口外，等等。

辅食，宝贝这样吃

宝宝缺碘了怎么办

如果宝宝缺碘，除应适当食用一些富含碘的天然食品外，还可通过以下途径补充。

第一，母乳喂养可补碘。母乳喂养的婴幼儿尿碘水平高出其他方式喂养的婴幼儿1倍以上。母乳喂养时期，只要母亲摄入足够的碘，宝宝就不会发生碘缺乏，哺乳期的妈妈每天至少要摄入200微克碘，才能保证母婴两人的碘需要量，有效地预防碘缺乏对母婴的危害。

第二，配方食品可补碘。从配方食品中给宝宝补碘也是安全、直接、有效的方式。宝宝吃下营养美味的食物（如婴幼儿营养米粉、高品质婴儿专用奶粉）同时，也获取了足量的碘元素。

第三，平时烹调宝宝食物坚持用合格碘盐。正确食用碘盐，就可以吸收足够的碘。食盐加碘是一种持续、方便、经济、生活化的补碘措施，但是不要误认为补碘就要多吃碘盐，小于1岁的宝宝每日给予1～1.5克碘盐就能满足需要。有关碘的摄入标准，《中国居民补碘指南》给出的标准是6个月内的宝宝每日为85微克，6～12个月宝宝每日为50微克。宝宝的碘摄入量并不是越多越好。碘对甲状腺肿的流行有明显的双向性，摄入不足会引起低碘甲状腺肿，而摄入过高时，也会引起高碘甲状腺肿。

维生素 A

营养解读

维生素 A 是脂溶性物质，可以贮藏在人体内。维生素 A 有两种，一种是维生素 A 醇，它是最初的维生素 A 形态，只存在于动物性食物中；另一种是 $\beta-$ 胡萝卜素，可以在人体内转变为维生素 A。植物性及动物性食物中都能含有维生素 A。

生理功能

维生素 A 可以促进牙齿、骨骼正常生长；保护表皮、黏膜，使皮肤不易受细菌伤害；调节上皮组织细胞的生长，防止皮肤黏膜干燥、角质化；有助于适应外界光线的强弱，降低夜盲症的发生率，可缓解眼球干燥与结膜炎等症；增强对疾病的抵抗力；有抗氧化作用，可以中和有害的自由基。

主要来源

鱼肝油、肝、奶油、全脂乳酪、蛋黄等动物性食品；深绿色有叶蔬菜、黄色蔬菜、黄色水果等植物性食品，像菠菜、豌豆苗、青椒、胡萝卜、南瓜、杏等均含有丰富的维生素 A。

缺乏表现

缺乏维生素 A 的宝宝皮肤干涩、粗糙，浑身起小疙瘩，形同鸡皮；头发稀疏、干枯，缺乏光泽；指甲变脆，形状改变；眼睛结膜与角膜（俗称黑眼仁）亦发生病变，轻者眼干、畏光、夜盲，重者黑眼仁混浊、形成溃疡，最后穿孔而失明。

辅食，宝贝这样吃

维生素 D

营养解读

维生素 D 是一种脂溶性维生素，存在于部分天然食物中。受紫外线的照射后，人体内的脱氢胆固醇能转化为维生素 D。婴幼儿生长发育很快，对维生素 D 的需求量相对较大。

生理功能

维生素 D 可以提高机体对钙、磷的吸收，使血浆钙和血浆磷的水平达到饱和；促进生长和骨骼钙化，有利于牙齿健康；通过肠壁增加对磷的吸收，并通过肾小管增加对磷的再吸收；维持血液中柠檬酸盐的正常水平；防止氨基酸通过肾脏流失。

主要来源

天然的维生素 D 来自动物和植物，如鱼肝油、鱼子、蛋黄、奶制品等。人体皮下组织中有一种脱氢胆固醇，经日光中紫外线的直接照射后，也可以变为维生素 D。

缺乏表现

缺乏维生素 D 会导致小儿佝偻病的发生，其体征按宝宝月龄和活动情况而不同。6 个月龄内的宝宝会出现乒乓头（指 3 ~ 6 个月宝宝出现的颅骨软化现象，表现为手指按压枕骨或顶骨中央，会出现内陷；手指放松，颅骨又弹回），5 ~ 6 个月龄的宝宝可出现肋骨外翻、肋骨串珠、鸡胸、漏斗胸等，1 岁左右宝宝学走时可出现 O 形腿、X 形腿等体征。

维生素 E

营养解读

对婴幼儿来说，维生素 E 对维持机体的免疫功能、预防疾病起着重要的作用。

生理功能

维生素 E 可以促进蛋白质更新合成；调节血小板的黏附力和抑制血小板的聚集；降低血浆胆固醇水平，预防动脉粥样硬化；抗衰老，能维持正常生殖机能。

主要来源

小麦胚芽油、棉籽油、玉米油、花生油、芝麻油等食用油，以及谷物胚芽、肉、奶制品、蛋等都是维生素 E 良好的来源。

缺乏表现

缺乏维生素 E 的宝宝主要表现为皮肤粗糙干燥、缺少光泽、容易脱屑，以及生长发育迟缓等。

维生素 K

营养解读

维生素 K 又叫凝血维生素，在自然界中分布广泛，一般的动物（包括人类）肠道内微生物均可以合成维生素 K。自然界目前已经发现的维生素 K 有两种：存在于绿叶植物中的维生素 K_1 和来自于微生物的维生素 K_2。另外，人工也合成了两种：维生素 K_3、维生素 K_4。其中，最重要的是维生素 K_1 和维生素 K_2。

生理功能

维生素 K 帮助血液凝结，是凝血酶原、转变加速因子、抗血友病因子和司徒因子等四种凝血蛋白在肝内合成必不可少的物质。

主要来源

维生素 K 多存在于鱼、鱼子、肝、蛋黄、奶制品、肉类、水果、坚果、蔬菜及谷物等食物中；肠道内的大肠杆菌也能提供人体所需要的维生素 K。

缺乏表现

缺乏维生素 K 的宝宝，身上容易因轻微的碰撞而发生瘀血；严重缺乏维生素 K 的宝宝口腔、鼻子、尿道等处的黏膜易无故出血，更严重的甚至出现内脏及脑部出血。

B 族维生素

营养解读

B 族维生素是水溶性物质，主要参与人体的消化吸收和神经传导。B 族维生素包括维生素 B_1、维生素 B_2、维生素 B_6、维生素 B_{12} 等。

生理功能

维生素 B_1

它在人体中与磷酸结合，能刺激胃蠕动，促进食物排空，增进食欲，并具有营养神经、维护心肌、消除疲劳等作用。

维生素 B_2

它是构成黄酶的辅酶，参与新陈代谢，能促进细胞的氧化还原。

维生素 B_6

它是机体内许多重要酶系统的辅酶，是宝宝正常发育所必需的营养成分。

维生素 B_{12}

它是宝宝身体制造红细胞和保持免疫系统正常的必要物质。

主要来源

维生素 B_1 主要来自于谷类、豆类、干果及动物内脏、瘦肉、蛋类、蔬菜等；维生素 B_2 主要来自于动物内脏、蛋类、奶类、豆类及新鲜绿叶菜等；维生素 B_6 主要来自于小麦麸、麦芽、动物肝脏与肾脏、大豆、甘蓝菜、糙米、蛋、燕麦、花生、胡桃等；维生素 B_{12} 主要来自于动物肝脏、牛肉、猪肉、蛋、牛奶、奶酪等。

缺乏表现

缺乏维生素 B_1 会引起消化不良，有时还会引起手脚发麻及多发性神经炎和脚气病；缺乏维生素 B_2 时，宝宝容易出现口臭、睡眠不佳、精神倦怠、皮肤"出油"、皮屑增多等症，有时还会有口腔黏膜溃疡、口角炎等症；维生素 B_6、维生素 B_{12} 是神经细胞代谢所必需的物质，缺乏时可表现出皮肤感觉异常、毛发稀黄、精神不振、食欲下降、呕吐、腹泻、营养性贫血等。

维生素 C

营养解读

　　维生素 C 是水溶性物质，富含维生素 C 的食品很多，所以正常饮食基本可以满足宝宝身体对维生素 C 的需求。1 岁以内的宝宝每日所需维生素 C 量为 40～50 毫克。

生理功能

　　维生素 C 可维持细胞的正常代谢，保护酶的活性；促进氨基酸中酪氨酸和蛋氨酸的代谢，促使蛋白质细胞互相牢聚；改善铁、钙的吸收和叶酸的利用率；改善脂肪和类脂(特别是胆固醇)的代谢，预防心血管疾病；促进牙齿和骨骼的生长，防止牙龈出血；增强机体对外界环境的抗应激能力和免疫力，减弱许多能引起过敏症的物质的作用；促进骨胶原的生物合成，利于伤口更快愈合，并能够预防败血病。

主要来源

　　富含维生素 C 的鲜果有猕猴桃、大枣、柚子、橙子、草莓、柿子、番石榴、山楂、荔枝、桂圆、芒果、无花果、菠萝、苹果、葡萄；蔬菜中苤蓝、雪里蕻、苋菜、青蒜、蒜苗、香椿、菜花、苦瓜、辣椒、甜椒、荠菜等的维生素 C 含量也较多。

缺乏表现

　　缺乏维生素 C 时身体抵抗力会减弱、易患疾病，在宝宝身上最常见的是经常性的感冒。维生素 C 还参与造血代谢等多项生理活动，缺乏时易有出血的表现，如皮下出血、牙龈肿胀出血、鼻出血等，同时伤口不易愈合。

第三章
宝宝辅食的处理与保存方式

爸爸妈妈们此时一定是已经跃跃欲试地想给亲爱的宝贝准备营养丰富的美餐了吧，本章中提供了许多实用的小窍门，帮助爸爸妈妈高效地给宝宝制作食物。宝宝对于辅食的精细度要求很高，所以爸爸妈妈可以提前大量制作一些给宝宝的食物，然后以恰当的方式储存起来，这样就不会在宝宝饿了要吃的时候才手忙脚乱地开始做。做辅食的工具以及宝宝的餐具也一定要细心挑选，确保宝宝的饮食安全。

辅食，宝贝这样吃

辅食制作工具

俗话说：工欲善其事，必先利其器。好用的工具可以为照顾宝宝的人省下许多时间。将时间花在刀刃上，将节省下的分分秒秒转变为游刃有余的惬意时光，何乐而不为？

食物处理工具

搅拌棒

可以制作少量的食物泥，容易清洁。建议尽量挑选质量可靠的品牌，并选择不锈钢材质的搅拌头，塑料搅拌头在搅打热食时会释放出塑化剂，对婴幼儿健康不利。

多功能料理机

可以将烹煮与搅打一起完成，功能强大，清洁起来也不麻烦。用多功能豆浆机也可以。

各式制泥工具

如磨碎器、磨泥器等厨房小五金，通常价格比较亲民，会一直派得上用场。此外，土豆压泥器、蒜头压泥器等也都可以充当辅食制泥用具。

保存与加热

制冰盒

制冰盒有什么用处呢？给宝宝煮面条等时候，加一勺鸡汤或者骨头汤可增加营养。所以，家里可以提前熬制一锅汤，凉凉后分装在冰盒里冷冻起来，煮面的时候拿一块出来用就可以了。制冰盒建议选择聚丙烯材质或硅胶材质，以有盖者为佳。

玻璃保鲜盒

玻璃保鲜盒，附密封盖，可冷冻或烤箱加热。使用时可以将辅食盛入，放入冰箱冷藏室冷藏，需要时自冰箱取出放于室温稍微回温，再打开盒盖，将盒身放进小锅隔水加热即可。辅食吃新鲜的比较好，如实在需要冷藏保存，要用玻璃保鲜盒，不要用塑料盒。

保温罐

带宝宝外出，不锈钢宽口保温罐是上佳选择，不仅保温性能好，宽口还方便喂食。

电饭锅

可在煮饭时把胡萝卜、土豆等一起放入，省时省力一锅搞定。

给宝宝使用的餐具

汤勺、叉子

建议随宝宝的小嘴长大而不断更换汤匙。

宝宝的第一支汤匙应尽量选择软质的，同时要有防止汤匙过度深入嘴内的特殊设计。如果妈妈习惯或者倾向于用不锈钢汤匙喂食，可以选购常见的咖啡匙，大小合适。

1岁左右的宝宝开始练习自行用餐，用弯弧状的学习叉匙比较合适，短柄的汤匙用起来比较容易也是不错的选择。

碗盘

宝宝碗盘的选择得分为三阶段讨论。

阶段一：6个月左右大的宝宝，辅食质地稀、汤汁多，在家里找一个陶瓷碗作为宝宝专用碗就好了。

阶段二：宝宝正学习自行用餐时，建议选用重心低，不易打翻、打碎，容易挖取的碗盘。

阶段三：宝宝学会自行用餐后，建议使用陶瓷或不锈钢碗盘。

围兜

布围兜或大人的旧 T 恤都可作为宝宝用餐时的防护衣物。

立体的口袋围兜软中带硬，和其他口袋围兜比起来能更有效地接到落下的汤汤水水，但也因为这软中带硬的特性，可能有些宝宝不愿意接受。

还有一种反穿衣，可以在宝宝吃饭、烘焙、画画、理发时穿。其优点是不会渗漏，缺点是夏天穿起来可能会比较热。

餐椅

一把好餐椅是宝宝养成良好用餐习惯的好帮手，让宝宝有归属感，并习惯定点用餐。在选择时应特别注意以下几项。

安全性：有没有安全带？是否稳固，有没有倾倒的危险？

清洁护理：是否容易藏污垢？是否容易清理？

尺寸大小：有些餐椅的尺寸较大，使用的时候可加个垫子填充；有些餐椅较小，可能宝宝不到两岁就不能用了。家长可以多方比较，参考自家的空间，选购适合的餐椅。

辅食健康与安全

烹饪用品与原料的清洁

准备辅食所用的案板、锅铲、碗勺等用具应当用清洁剂洗净，充分漂洗，用沸水或消毒柜消毒后再用。最好能为宝宝单独准备一套烹饪用具，以避免交叉污染。制作辅食的原料最好是安全健康的绿色食品，尽可能新鲜，并仔细选择和清洗。

用合适的烹饪方法

宝宝的辅食一般都要求细烂、清淡，所以不要将宝宝辅食与成人食品混在一起制作。制作宝宝辅食时，应避免长时间烧煮、油炸、煎烤，以减少营养素的流失。应根据宝宝的咀嚼和吞咽能力及时调整食物的质地，食物的调味也要根据宝宝的需要来调整，不能以成人的喜好来决定。

耐心地给宝宝添加辅食

对于一个习惯吃奶的宝宝来说，从流质食物逐渐过渡到稀糊状、糊状、半固体、固体食物，从单一的味道到甜、酸、咸；从乳头、奶瓶喂养到使用勺子、筷子自己进食，是一个需要逐步学习、逐渐适应的过程，需要半年或更长的时间。给宝宝添加辅食需要妈妈的耐心和细心。

据研究，一种新的食物往往要经过 15 ~ 20 次的接触之后，才能被宝宝接受。而且，宝宝接受某种半固体食物的时间还有个体差异，短的为一两天，长的要一周多。因此，当宝宝拒绝新食物，或对新的食物吃吃吐吐时，妈妈不能采用强迫的手段，以免使宝宝对这种食物产生反感，也不要认为宝宝不喜欢这种食物而放弃添加，应该变换做法，在宝宝情绪比较好的时候反复地尝试。如果宝宝吃东西速度比较慢，也千万不要责备和催促，以免引起他对进餐的厌恶。

水果的选择和清洗

给宝宝吃的水果最好是供应期比较长的当地时令水果，如苹果、橘子、香蕉、西瓜等。水果长期存放后维生素含量会明显降低，而腐烂、变质的水果更是对人体健康有害，因此一定要为宝宝选择新鲜的水果。苹果、梨、柑橘等应先洗净，浸泡15分钟（尽可能去除农药），用沸水烫30秒后去掉水果皮。切开食用的水果（如西瓜），也应将外皮用清水洗净后，再用清洁的水果刀切开，切勿用切生菜的菜刀，以免水果被细菌污染。小水果（如草莓、葡萄、杨梅等）皮薄或无皮，果质娇嫩，应该先洗净，再用清水浸泡15分钟。

蔬菜的选择和清洗

给宝宝吃的蔬菜，最好选择无公害的新鲜蔬菜。如果没有条件用这样的蔬菜，应尽可能挑选新鲜、病虫害少的蔬菜，千万不要购买有浓烈农药味或不新鲜的蔬菜。为避免有毒化学物质、细菌、寄生虫的危害，买回来的蔬菜应先用清水冲洗蔬菜表层的脏物，适当除去表面的叶片，然后将清洗过的蔬菜用清水浸泡半小时以上，最后再用流水彻底冲洗干净。根茎类和瓜果类的蔬菜（如胡萝卜、土豆、冬瓜等）去皮后也应再用清水冲洗。还可以把蔬菜先用开水焯一下，然后再炒。

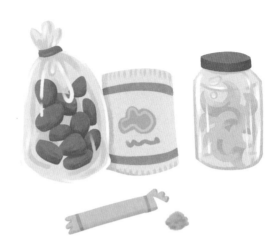

妈妈的辅食小窍门

灵活运用超市里的婴儿食品

冷冻干燥食品

　　冷冻干燥食品是指生产商烹调之后又做了真空处理，并且迅速冷冻和干燥而成的食品。面向儿童的冷冻干燥食品有很多种包装，适合年龄与胃口大小不同的宝宝。这种食品轻便易携带，所以非常适合外出时使用。

罐装食品

　　罐装婴儿食品大多数为绞碎的蔬果或糊状的肉类、鱼类等食品，由于本身已经是便于宝宝食用的状态，又是真空包装，所以相对安全卫生，直接开袋即食。这种罐装食品一般会根据宝宝的年龄，有不同的蔬果类型和分量不同的包装，可以和新鲜的蔬果混合使用。

蒸煮袋食品

蒸煮袋食品是指将已经加工好的辅食经过高压加热杀菌后，封入密闭容器中的一种食品。在食用这种食品时，由于包装本身就是简易容器，所以是应急时的好选择。

有助于宝宝克服挑食习惯

很多菜类食物都是不太受小朋友欢迎的，但是婴儿食品由于精妙的加工，使食物变得易于下咽且味道刚好，所以这种食品相对不容易引起宝宝的反感。当爸爸妈妈发现宝宝对某种食材抗拒的时候，可以从婴儿食品开始慢慢帮助宝宝适应。

更易消化吸收

婴儿食品经过特殊处理相对健康卫生，并且有利于宝宝消化吸收。所以在宝宝身体不舒服时，可以用婴儿食品来代替自制辅食。根据宝宝的月龄来选择适合宝宝的婴儿食品，并且及时给宝宝补充水分，这样既省时又能帮助宝宝尽快康复。

快捷的微波辅食

严格控制食物的加热时间

用大锅烧煮少量的宝宝食物总是显得很浪费，有时候使用微波炉给宝宝做料理又省时又方便。不过要注意的是，加热时间过长会导致烹调不成功，可以先将时间设定得短一点，如果加热时长不够可以继续延长时间。

及时检查食物加热的程度

给宝宝做辅食所需要的食材量较小，所以加热时间稍微多一点点，食物的口感都会有很大的变化。在加热过程中要多确认几次食物的状态变化。一般如果用牙签扎一下就能把食物扎透，说明已经加热得差不多了。肉类则需要夹开或切开，确认是否已经熟了。

适合用于微波炉加热的容器

适用于微波加热的容器一般是耐高温，微波通透性强的耐热玻璃容器或者瓷器。金属容器或者带有金属框的容器一概不可以放到微波炉里。为了防止水分的流失，可以盖上耐热透气的盖子。在做食物时为了防止食物溅出，应该尽量选择容积大一点的容器。

微波加热范例

南瓜

　　南瓜是最适合微波烹调的蔬菜之一。先将南瓜切成厚 1 ~ 1.5 厘米的切块，约 40 克左右的南瓜需要加热 1 分钟。在加热前用保鲜膜将南瓜瓤裹好，可以防止食物水分流失。做熟之后去皮，将南瓜瓤分成合适的大小。

西蓝花

　　西蓝花用微波加热比煮更容易保留营养。西蓝花一瓣约 20 克，加热的时候在碗里加一勺水并且用保鲜膜盖好，防止水分流失，还可以让西蓝花变得更软。加热时长约为 1 分钟。

胡萝卜

　　将胡萝卜切成直径 4 厘米、厚约 1.5 厘米的块状（约 30 克），加两大勺水，需要加热 2 分钟左右。靠近胡萝卜皮的部分胡萝卜素含量很高，所以去皮的时候只要削去薄薄的一层就可以。加热后再研碎，会使胡萝卜口感更好，也不容易给宝宝的消化道造成负担。

辅食，宝贝这样吃

冷冻处理宝宝的食物

什么是冷冻处理？

在准备稍微复杂些的食物时，爸爸妈妈可以一次多备一些，然后将剩余的冷冻保存起来，方便下一餐给宝宝吃。冷冻保存并不是指将食材完全加工好后才放进冰箱，而是将半成品冷冻。爸爸妈妈应该根据宝宝的月龄与胃口把食材分成适当的大小，然后冷冻保存起来。再次给宝宝烹调时，一定要将冷冻过的食材充分加热并煮到熟透。

冷冻的技巧

宝宝的食物处理后一定要等完全冷却后再放入冷冻室，并且冷冻时要尽量快速，这样才可以最大限度地保留食材的营养和味道。错误的冷冻方式会破坏食物的组织，营养也会流失。冷冻食物时要注意将食物平摊开，尽量不要重叠。

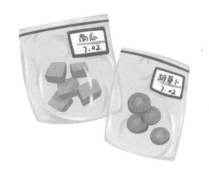

防止食物结块

在冷冻某些食物（例如蔬菜）时，经常会产生结块，这样会使下次使用比较困难且较难分割，所以应该在冷冻前先将蔬菜等食物分成小份装。

标注食材和日期

冷冻之后的食材通常比较难以辨认，所以在冷冻时最好在包装上标注好食材名称与制作日期。为了保证宝宝的健康，冷冻食材最好不要保存超过一个星期。

加热解冻

从冰箱里取出来的食物可以直接用微波炉加热来解冻，不需要提前在室温化开。一定要避免将已经解冻过的食品再次冷冻，否则不仅食物味道会变差，还容易变质，影响宝宝健康。

放进食品保鲜袋的胡萝卜

冷冻处理范例

菠菜

大约 60 克的菠菜可以满足 6 个月宝宝 8 顿餐的需求。将这么多的菠菜煮烂沥干，切细碎后放入冰格中，冷冻成型后就可以放入密封袋里保存了。一顿的量约为冰格的 1 ～ 2 小格，直接微波炉加热解冻食用即可。

胡萝卜

大约 60 克的胡萝卜可以满足 6 个月宝宝 8 顿餐的需求。将这么多的胡萝卜煮烂后研碎，放入密封袋中平摊开冷冻，注意不要让食物结块。一顿的量应少于 10 克，直接微波炉加热解冻食用即可。

放进冰格的南瓜

放进密封袋中的鱼肉

南瓜

　　大约 60 克的南瓜可以满足 6 个月宝宝 8 顿餐的用量。将适量的南瓜瓤煮烂后压成泥后放入冰格中，冷冻成型后就可以放入密封袋里保存了。一顿的量约为冰格的 1 ~ 2 小格，直接微波炉加热解冻食用即可。

鱼肉

　　大约 30 克的鱼肉可以满足 6 个月宝宝 6 顿餐的用量。将鱼肉去皮去骨煮烂后研碎，放入密封袋中平摊开冷冻。一顿的量大约为 5 克，直接微波炉加热解冻食用即可。

辅食，宝贝这样吃

从爸爸妈妈的食物中分离出适合宝宝的食物

在调味前分出宝宝吃的部分

爸爸妈妈偶尔也可以让宝宝品尝一下大人食物的味道。从大人的饭菜中分出一部分加工成辅食可以省时省力，但需要注意的事项也很多。在基本的食材处理后，要在调味之前分出辅食用的食材。然而特别要注意的是，有些食材深受大人欢迎但并不适合宝宝食用，所以要在加入这些食材之前就将给宝宝食用的部分分出来，之后再进行正常的调味。

用宝宝可以吃的食材来烹调大人的饭菜

在宝宝成长的不同阶段，宝宝可以吃的食物也不相同。当爸爸妈妈在准备大人的饭菜的时候，可以考虑一下哪些是宝宝可以吃的，哪些是还不能吃的。可以从大人吃的饭菜中分出两三种食材加入辅食中，当然有时候爸爸妈妈也可以体验一下宝宝的味觉世界是什么样的，加一点宝宝的食材到大人的饭菜中。

全家一起吃饭啦

由于做辅食和做正餐的饭菜都要花费一定时间，所以宝宝和爸爸妈妈吃饭的时间也会错开。全家人一起吃饭可以增进家人之间的感情，即使是还不懂事的小宝宝，看到这样的情形也会有想要加入大家的心情。从大人的饭菜中分出来给宝宝，尽可能地让宝宝和大人的用餐时间重合，从而增加全家人一起吃饭的机会。

第四章

自己动手，
给宝宝准备辅食吧

　　终于到了自己动手的时候！宝宝的成长是非常迅速的，所需要的食物也在不断变化。从一开始的糊状食物到后面的固体食物，宝宝的菜谱需要不断变化。本章提供了许多适合各个月龄宝宝享用的食谱，让宝宝享受美味的同时补充身体所需要的营养元素。这个阶段的宝宝可能会碰到各种各样的饮食问题，只有积极解决才能让宝宝营养均衡。

6 个月

随着不断长大，宝宝需要的能量及营养素也在不断增加，出生 6 个月后，母乳所提供的营养已经不能完全满足宝宝生长发育的需要，应根据宝宝的身体发育情况适当添加辅食。辅食类型应为吞咽型，质地为稀泥糊，首先应尝试米糊，再逐渐添加煮熟的新鲜蔬果泥、蛋黄泥和鱼肉泥。身体发育稍慢的宝宝可以先尝试水果汁等流质辅食。

给宝宝设计什么样的食谱

宝宝一日营养计划

主食：母乳或配方奶		
餐次	上午：6：00，12：00	
	下午：15：00	
	晚上：21：00，24：00	
用量	每次 150 ~ 200 毫升	
添加食物：奶糊、汤面、菜泥、鱼泥、肉泥、鸡蛋黄等		
餐次	上午：9：00	
	下午：18：00	
用量	各类辅食调剂食用，每次 50 ~ 80 克	
鱼肝油	每天一次	
其他	保证饮用适量白开水	

宝宝长牙了

宝宝出牙有快有慢，许多宝宝在 6 个月大时，下面的两颗门牙就露出来了，但也有的宝宝快到 1 岁时才长牙。出牙期间，宝宝的口水会增多、牙床发痒，抓住什么咬什么，情绪也不如从前稳定，会出现睡眠不好、喝奶减少的现象，这是因为出牙时有点痒或疼痛。妈妈可以给宝宝准备由硅胶制成的磨牙器或是磨牙棒，让宝宝放在口中咀嚼。

提倡继续母乳喂养，少量接触辅食

世界卫生组织提倡，6 月龄以上的宝宝可在母乳喂养的基础上逐渐且少量添加辅助食品，以补充营养。为使宝宝逐步地适应母乳以外的食物，包括不同性状的食物，让其接受咀嚼和吞咽训练，在这个过程中，母乳仍然是主要且首选的食品。辅助食品，简称为"辅食"，包括果汁、菜汁等液体食物，米粉、果泥、菜泥等泥糊状食物，软饭、热面，以及切成小块的水果、蔬菜等固体食物。

添加有营养的辅食

因为宝宝食量有限，爸爸妈妈不要给宝宝盲目添加辅食，应选择添加有营养的辅食，不要限于碳水化合物为主的米粉、面糊，要辅以富含蛋白质、维生素、矿物质等营养素的食品，如蛋、肉、蔬菜、水果等。所以，把给宝宝喂了多少粥、多少面条、多少米粉作为添加辅食的标准是不对的。

从 6 个月开始，宝宝开始逐渐适应固体食物，辅食应以谷类粥或烂面为主（以产生消化和吸收食物的热量），加上含蛋白质较多的豆类、肉类、鱼类、蛋类及供给热量的油脂和含有丰富矿物质和维生素的蔬菜、水果等。一般谷物与豆、肉、鱼、蛋的比例约是 3：1 或 2：1。

多摄取有利于乳牙生长的营养物质

乳牙的生长需要多种营养素，如适量的钙、磷、氟等矿物质及维生素，尤其是有助于牙床健康的维生素。

适量的钙会让乳牙长大，坚硬度强，不容易折断；适量的氟可以增加乳牙的坚硬度，让牙齿不受腐蚀，不易发生龋齿；摄入充足的蛋白质会让宝宝的牙齿排列更整齐，确保牙周组织健康，不容易产生龋齿；维生素 A 让宝宝出牙时间正常；维生素 C 可让牙齿发育良好（如缺少，可使牙骨萎缩，牙龈容易水肿）；缺乏维生素 D，会使宝宝牙齿小且牙距间隙大。

这段时期，最好限制宝宝摄入过多糖类，以减少日后发生龋齿的概率。

添加辅食后可能出现的反应

宝宝6个月大就可以添加辅食，但是添加辅食的时候，奶量不要减少得太多、太快。刚开始添加辅食时还要继续保持原有的奶量，因为这时添加的辅食量较少，宝宝的食物还是以奶为主，每天要保证摄取700～800毫升奶量。如果给宝宝过多吃辅食，如粥、米糊等，会使宝宝虚胖、不结实。

有的爸爸妈妈会发现，宝宝吃辅食后变瘦了，这可能是因为辅食的品种或数量不太适合宝宝，里面的营养素不能满足宝宝生长发育的需要，如缺铁、缺锌会导致宝宝贫血、食欲不佳，影响宝宝的生长发育。

烹调辅食一定要考虑宝宝的消化特点，如开始喝的粥一定要做烂，要看不到完整米粒的那种，以利于消化。过早给宝宝吃软饭，宝宝不能很好地消化，会导致宝宝因营养不良而消瘦。

第一次给宝宝添加辅食要怎么做

许多妈妈都会有这样的困惑：第一次给宝宝添加辅食该选择哪一种食物？什么时间添加，宝宝更易接受？一次喂多少比较合适？

第一次添加辅食首选米糊、菜泥和果泥，可以在确保宝宝的日常奶量正常的基础上适当添加。

米糊一般可用市售的婴儿营养米粉来调制，也可把大米磨碎后自己制作。购买成品的婴儿米粉应注意宝宝的月龄，按照产品的说明书配制米糊。另外，果泥要用新鲜水果制作，菜泥在制作中不要加糖、盐、味精等调料。

宝宝第一次尝试辅食最理想的时间是哺乳中间。尽管辅食能提供一定的营养物质和热量，但此时乳汁仍然是宝宝的主要食品。因此，妈妈应该先给宝宝喂食通常一半的奶量，再给宝宝喂 1～2 汤匙新添加的辅食，然后继续给宝宝喂奶。这样，宝宝会慢慢习惯新食品，待宝宝习惯后可渐渐增加辅食的量和种类。

第一次给宝宝喂辅食不宜多。刚开始喂辅食，妈妈只需准备少量的食物，用小汤匙舀一点点轻轻地送入宝宝的口里，让他自己慢慢吸吮、品咂。

辅食，宝贝这样吃

母乳与辅食的搭配

开始给宝宝添加辅食

应注意母乳和辅食的合理搭配。有的妈妈生怕宝宝营养不足，早早开始添加辅食，且品种多，喂得也比较多，结果使宝宝积食不消化，连母乳都拒绝了，这样反而会影响宝宝的生长。开始时，先让宝宝一日喝三顿奶的时间规范为早中晚。

6个月后

宝宝白天摄入米粉后，可在宝宝晚上入睡前再喂两口掺牛奶的米糊，这样可使宝宝一整个晚上不再因饥饿醒来，尿量也相应减少，有利于母子休息安睡。但初喂米糊时，要注意观察宝宝是否有吃糊后较长时间不思母乳的现象，如果有，可适当减少米糊的喂量或稠度，不要让它影响宝宝对母乳的摄入。

宝宝为什么总是把食物吐出来

对宝宝来说，尝试新食物是一种全新的体验。他可能不会马上吞下去，而是扮一个鬼脸，或者吐出食物。这时，妈妈可以等一会儿再继续尝试。有时可能要尝试很多次，宝宝才会认可这些口味新鲜的食物。

自己做的好还是买的好

自己做的辅食和市售的辅食各有优缺点。市售的婴儿辅食最大的优点是方便，即开即食，能为妈妈们节省大量的时间。同时，大多数市售婴儿辅食的生产受到严格的质量监控，营养成分和卫生状况均有保证。因此，如果没有时间为宝宝准备合适的食物，而且经济条件许可，不妨选用一些有质量保证的市售婴儿辅食。但妈妈们必须了解的是，市售婴儿辅食无法完全代替家庭自制的婴儿辅食。因为市售的婴儿辅食没有各家各户的特色风味，而宝宝最终还是要吃家庭自制的食物，适应家庭的口味。在这方面，家庭自制的婴儿辅食显然有着很大的优势。

宝宝的米粉应该吃多长时间

宝宝吃米粉并没有具体的期限，一般在宝宝的牙齿长出来，可以吃粥和面条时，就可以不吃米粉了。

如何循序渐进地添加果泥及菜泥

先从单一种类开始添加

添加蔬菜泥和水果泥时，每次只添加一种，隔几天再添加另一种。要注意观察宝宝是否对添加的食物过敏。待宝宝吃辅食的能力提高后，便可增加喂食量。

先让宝宝尝试吃蔬菜泥

虽然从营养学的角度来看，进食的次序并不是很重要，但由于水果较甜，宝宝会较喜欢，所以一旦宝宝对水果有所偏爱，就很难对蔬菜感兴趣了。

进食分量由少到多

初次进食从 1 汤勺开始，随着时间的推移，逐步增加食用量。

宝宝什么时候可以吃盐

6 个月以内的宝宝由于肾脏功能尚未发育完善，所以不宜多吃食盐，以纯母乳喂养为最佳选择。6 个月以后，宝宝开始吃辅食，最早是米糊。再往后，宝宝开始吃水果、蔬菜以及各种动物性食物(如蛋黄、鱼泥、肝泥、肉末等)。添加蔬菜及动物性食物时，可以略加一些食盐来调味，以增进食欲。但是，宝宝食品的味道不能以成人的口味为标准，过多的食盐不但影响食物口感，还会增加宝宝肾脏的负担。

怎样添加蛋黄

宝宝出生 4 到 6 个月后，从母体中带来的铁质贮存基本上消耗完了。无论是母乳喂养还是人工喂养的宝宝，此时都需要开始添加一些含铁丰富的辅食，鸡蛋黄是比较理想的食品之一。

鸡蛋黄里不仅含有丰富的铁，也含有宝宝需要的其他各种营养素，而且比较容易消化，添加也很方便。

鸡蛋黄的添加方法

一种方法是把鸡蛋煮熟，注意不能煮得时间太短，以蛋黄恰好凝固为宜，然后将蛋黄剥出，用小勺碾碎，直接加入煮沸的牛奶中，搅拌均匀，等牛奶稍凉后即可喂哺宝宝。还有一种方法是鸡蛋煮熟后把蛋黄取出碾碎，加少量开水或肉汤拌匀，用小勺喂给宝宝。前一种方法可使宝宝不知不觉中吃下蛋黄，后一种方法对有些尚不适应用小勺吃东西的宝宝，可能会有些困难。

添加鸡蛋黄应逐步加量

开始可以先喂一个鸡蛋黄的 1/4，如果宝宝消化得很好，大便正常，无过敏现象，可以逐步加喂到 1/2 个、3/4 个鸡蛋黄，直至可以喂整个鸡蛋黄。

蛋黄不可当作第一种辅食

因为蛋黄容易引起宝宝过敏，所以最开始添加辅食的时候，一定要加最不容易引起宝宝过敏的纯米粉。待宝宝适应纯米粉之后，再逐渐加蛋黄给宝宝吃。

为什么不能给宝宝多吃糖粥

由于宝宝喜欢甜味，有的妈妈为了让宝宝早点适应辅食，便给宝宝喂糖粥，忽略了菜的重要性。有的妈妈还误认为糖粥是营养品，因为吃糖粥的宝宝长得白白胖胖。糖能提供人体所需的热量，但摄入过多会引起肥胖。而且吃糖过多会使宝宝产生饱腹感，影响食欲。另外，长期吃糖粥还会导致龋齿。

宝宝用牙床咀嚼会妨碍长牙吗

当宝宝还没有出牙时，有的妈妈给宝宝吃煮得过烂的食物，有的则将食物咀嚼后再喂给宝宝，这样既不卫生，又使宝宝失去了通过咀嚼享受食物色、香、味的美好感受，无法提高其食欲。其实，出生 5 ~ 6 个月后，宝宝的颌骨与牙龈已发育到一定程度，足以咀嚼半固体或软软的固体食物。乳牙萌出后咀嚼能力进一步增强，此时适当增加食物硬度，让其多咀嚼，反而可以促使牙齿萌出，使牙列整齐、牙齿坚固，有利于牙齿、颌骨的正常发育。

宝宝吃辅食总是噎住怎么办

宝宝吃新的辅食有些恶心、哽噎，这样的经历是很常见的，妈妈们不必过于紧张。只要在喂哺时多加注意就可以避免。例如，应按时、按顺序地添加辅食，从半流质到糊状、半固体、固体，让宝宝有一个适应、学习的过程；一次不要喂食太多；不要喂太硬、不易咀嚼的食物。

给宝宝添加一些特制的辅食

为了让宝宝更好地学习咀嚼和吞咽的技巧，还可以给他一些特制的小馒头、磨牙棒、磨牙饼、烤馒头片、烤面包片等，供宝宝练习啃咬、咀嚼技巧。

不要因噎废食

有的妈妈担心宝宝吃辅食时噎住，于是推迟甚至放弃给宝宝喂固体食物，因噎废食。有的妈妈到宝宝两三岁时，仍然将所有的食物都用粉碎机粉碎后才喂给宝宝，生怕噎住宝宝。这样做的结果是导致宝宝不会"吃"，食物稍微粗糙一点就会噎住，甚至会把前面吃的东西都吐出来。

抓住宝宝咀嚼、吞咽敏感期

宝宝的咀嚼、吞咽敏感期从 4 个月左右开始，7 ~ 8 个月时为最佳时期。过了这个阶段，宝宝学习咀嚼、吞咽的能力下降，此时再让宝宝开始吃半流质或泥状、糊状食物，宝宝就会不咀嚼地直接咽下去，或含在口中久久不肯咽下，常常引起恶心、哽噎。

可以把各种辅食混在一起喂宝宝吗

当妈妈逐渐给宝宝加蛋黄、菜泥、果泥、米粉以后，宝宝一顿饭可能吃到 3 ～ 4 种辅食，这时有的妈妈可能想干脆将几种辅食搅拌在一起让宝宝一次吃完得了，这种做法倒是省事，却是极其错误的。4 ～ 6 个月是宝宝的味觉敏感期，所以给宝宝吃各种不同的食物，不仅要让宝宝得到营养，还要让宝宝尝试不同的口味，让宝宝逐渐分辨出这是蛋黄的味道、那是菜泥的味道、这是米粉的味道……也就是说，对于各种不同的味道，宝宝要有一个分辨的过程，如果妈妈将各种辅食混在一起，宝宝会尝不出具体的味道，对宝宝味觉发育没有好处。

宝宝特别喜欢吃某种食物怎么办

有些宝宝在添加辅食后，可能对某种甜或咸的食物特别感兴趣而一下子吃很多，同时会拒绝喝奶和吃其他辅食。对这种情况，妈妈可不能由着宝宝。不要让宝宝养成偏食、挑食的习惯。不偏食、不挑食的良好饮食习惯应该从添加辅食时开始培养。在添加辅食的过程中，应该尽量让宝宝多接触和尝试新的食物，丰富宝宝的食谱，讲究食物的多样化，从多种食物中得到全面的营养素，达到平衡膳食的目的。然而要注意不可让宝宝对某种食物吃得过多，不加限制地让宝宝进食，不但会造成胃肠道功能紊乱，而且会破坏宝宝的味觉，使宝宝以后反而不喜欢这种味道了。

辅食，宝贝这样吃

6个月宝宝的营养辅食方案

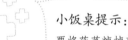

菠菜糊

原料

菠菜、米粉、水各适量，油少许。

做法

1. 菠菜用开水焯过后，切碎，打汁。

2. 米粉加菠菜汁调成稀糊状。

3. 锅内烧少量水，等水开后将调好的糊倒进锅内，边倒边搅拌，煮沸后淋上油再烧一会儿即可。

小饭桌提示：

要将菠菜焯掉草酸。菠菜含有丰富的叶酸，是宝宝脑部发育不可缺少的营养素。

橘汁

原料

鲜橘子、温开水各适量。

做法

1. 将鲜橘子洗净，切成两半，放在榨汁机中榨出橘汁。
2. 加入温开水即可。

功能

鲜橘汁色泽金黄，酸甜适口，含有丰富的葡萄糖、果糖、蔗糖、苹果酸、柠檬酸以及胡萝卜素、维生素 B_1 和维生素 B_2、烟酸、维生素 C 等，特别是维生素 C 含量丰富。

奶藕羹

原料

冲调好的配方奶150毫克，藕粉50克，水适量。

做法

1. 将藕粉用水调成糊状。
2. 把配方奶和藕粉糊倒入锅中，用微火边煮边搅，直至搅成透明状，凉凉后即可食用。

功能

藕粉含有丰富的蛋白质，以及多种维生素。但是宝宝吃藕粉不宜过多。

辅食，宝贝这样吃

胡萝卜汁

原料

胡萝卜1根，水30～50毫升。

做法

1. 将胡萝卜洗净，切小块。

2. 把胡萝卜放入小锅内，加水煮沸，用小火煮10分钟。

3. 过滤后将汁倒入小碗。

米粥油

原料

100克小米或粳米（选任意一种），水适量。

做法

1. 把米淘洗干净，以大火煮开，再改成小火慢慢熬成粥。

2. 粥熬好后，放置5分钟，然后再用平勺舀取上面不含米粒的米粥油，待温度适中即可喂给宝宝。

功能

小米和粳米熬成的米粥油富含维生素，且口感好，是幼儿理想的辅食。

绿豆小米粥

原料
绿豆、小米、大米、糯米各 10 克，水适量。

做法
1. 将绿豆洗净，浸泡 2 小时；小米、大米、糯米清洗。
2. 所有原料放入锅内，加水，旺火烧开，转微火煮 40 分钟。
3. 关火，焖 10 分钟左右，用勺子搅拌均匀即可。

功能
绿豆富含蛋白质、膳食纤维、维生素 E，以及钙、铁、磷、钾等微量元素。

草莓汁

原料
草莓 3 ～ 4 个，水 1 勺。

做法
将草莓洗净，切碎，放入小碗，用勺碾碎，然后倒入过滤漏勺，用勺挤出汁，加水拌匀。

小饭桌提示：
用榨汁机制成的汁会有一层沫，用小勺舀去，再加水调和。

专家 面对面

Q：我的宝宝5个半月了，但他不爱吃饭，这是不是挑食呀？

A：孩子和大人一样，可能有段时间喜欢吃饭，有段时间不喜欢吃饭。他们也有自己的喜好。拒绝吃饭通常有4个原因：得病了（或者要得病、对食物过敏），牙龈疼（正在出牙），不饿（两餐之间吃了太多的奶）或者不喜欢饭菜的口味。如果不是上述4种原因，可以考虑是不是宝宝觉得无聊。你是否变着花样地做饭？宝宝觉得吃饭是件有意思的事吗？宝宝能享受到触摸和感受食物的乐趣吗？

至于是不是挑食要看具体情况。如果宝宝饿了就会吃，但不喜欢某种食物，表现出不满意，这时要尊重他的选择，换其他的食物。如果他不喜欢吃萝卜，就给他吃土豆，如果他不喜欢吃梨，就给他桃。你可以试试新的食谱，包括你想让他吃的食物。不要给宝宝吃巧克力等甜食，这会让宝宝很快胖起来，而且他很快就知道了，生气时发出尖叫声以及拒绝吃饭就能得到甜食，最终你的担心鼓励了他的挑食。记住，吃饭的时候一定要吃有利健康的食物。你的饮食态度很有可能决定宝宝的饮食习惯，由此建立起来的饮食习惯也有可能影响他的生活习惯。你既要考虑到他的健康，又要考虑到他强烈的愿望，食物和饮食习惯也被赋予感情色彩，通常能反映出亲子之间的关系。

Q：我需要给宝宝吃维生素补充剂吗？

A：目前已经有关于维生素补充剂的使用指南。在英国，COMA和ESPGAN建议，每个宝宝在2岁前，无论是母乳喂养还是人工喂养，每天都要服用包含维生素A、B族维生素、维生素D、维生素E和维生素C的维生素滴剂。

有些宝宝正处于缺乏维生素的危险之中，包括在某些方面失调的早产儿。例如，患有囊肿性纤维化的宝宝需要补充脂溶性维生素（维生素A、维生素D、维生素E、维生素K）。在新生儿阶段患病的宝宝经常需要补充铁或者叶酸补充剂，并建议让这样的宝宝服用维生素滴剂。1岁前的宝宝，如果吃未经加工的牛奶，经常会缺铁。

Q :宝宝在6个月之前能添加辅食吗？添加辅食能让他在晚上睡得更久吗？

A :能不能在6个月之前添加辅食，主要取决于宝宝自身的情况。如果宝宝比同龄人长得快，12周的时候体重就已经达到出生时的两倍，就可以试着12周开始添加辅食，因为宝宝的消化系统已经完全能应付辅食。12周或小于12周的宝宝，以及体重较轻的早产儿，应该在宝宝至少6千克以后再添加辅食。未满6个月过早添加辅食，可能出现不良反应。

如果你想通过添加辅食让宝宝在晚上一觉睡得更久，请三思而后行。在宝宝还不能添加辅食的时候，就让他吃土豆、蛋羹或者是婴儿米粉，他肯定会厌食。如果你一再坚持，还会造成宝宝对食物的反感，这种反感甚至可能持续到宝宝长大以后。其实有很多种方式可以让宝宝晚上睡好，如睡前吃饱、按宝宝的生物钟进行作息等。

A :在宝宝不能用双手牢牢拿住物品的时候，让他学习使用杯子通常没什么意义。如果你的宝宝能用双手拿住杯子了，就继续练习吧，尽可能选各种各样不漏水的杯子。如果他仍然用一只手拿杯子，可能会猛烈地敲打杯子，把杯子里的东西弄得到处都是。通常直到8个月后，宝宝才学会如何使杯子倾斜。

Q :6个月左右给宝宝用杯子是不是太早了？

辅食，宝贝这样吃

7～9个月

　　7～9个月大的宝宝正处于断奶中期，辅食类型为蠕嚼型，质地应为稍稠的泥糊，如肝泥、豆腐泥、牛肉泥、米粥和烂面等。这个时期的宝宝可以吃全蛋，也可以适当食用磨牙饼干、馒头干、面包干等可以刺激牙齿萌出的食品。此阶段仍应以吃奶为主，以各种辅食为辅，要注重辅食的合理搭配，以增强宝宝的抵抗力。

适量增加粗纤维食物

有助于宝宝牙齿发育

　　吃粗纤维食物时，必然要经过反复咀嚼才能吞咽下去，这个咀嚼的过程既能锻炼咀嚼肌，也有利于牙齿的发育。此外，经常有规律地让宝宝咀嚼有适当硬度、弹性和纤维素含量高的食物，还可减少蛋糕、饼干、奶糖等细腻食品对牙齿及牙周的黏着，从而防止宝宝龋齿的发生。

可防止便秘

　　粗纤维能促进肠蠕动、增进胃肠道的消化功能，从而增加粪便量，防止宝宝便秘。

适量增加固体食物

　　如果长时间给宝宝吃流质或泥状的食品，会使宝宝错过咀嚼能力发展的关键期。在这个时期，妈妈应该适当地给宝宝吃些固体食物，如面包片、馒头片或饼干。许多宝宝 7 ~ 9 个月大时就不爱吃烂熟的粥或面条了，因此，妈妈在做辅食的时候要控制好火候。但如果宝宝爱吃米饭，要把米饭蒸得软些再喂。有些妈妈担心宝宝牙还没有长好，不能嚼这些固体食物，其实宝宝可以用牙床咀嚼。

宝宝饮食的禁忌

　　如果家里人对某些食物有过敏史的话，那么在给宝宝吃某些易过敏的食物（如花生、鸡蛋等）之前要先咨询儿科医生。

　　过硬或者圆形的食物容易让宝宝噎住，例如生的条状胡萝卜或者葡萄，也要尽量避免给宝宝吃。

不要让宝宝独自进食

只要是宝宝吃东西的时候，就尽量让他坐在自己的餐椅上吃，为了养成良好的饮食习惯，也为了保证宝宝的安全。宝宝边爬边吃或是边玩边吃的时候更容易噎住，造成危险。宝宝坐在餐桌上吃东西的时候，爸爸或者妈妈一定要陪在宝宝身边看着他，防止小块的较硬食物被宝宝直接吞咽下去导致卡在嗓子里。

让宝宝爱上辅食

示范如何咀嚼食物

最初给宝宝喂辅食时，宝宝因为不习惯咀嚼，往往会用舌头将食物往外推。在这时妈妈要给宝宝示范如何咀嚼食物并且吞下去，可以放慢速度多试几次，让宝宝有更多的学习机会。

别喂太多或太快

一次喂食太多不但易引起消化不良，而且会使宝宝对食物产生排斥，所以妈妈应按宝宝的食量喂食，速度不要太快，喂完食物后，应让宝宝休息一下，不要有剧烈的活动，也不要马上喂奶。

品尝各种新口味

饮食富于变化能刺激宝宝的食欲。妈妈可以在宝宝原本喜欢的食物中加入新材料，分量和种类应由少到多；逐渐增加辅食种类，让宝宝养成不挑食的好习惯；宝宝讨厌某种食物，妈妈应在烹调方式上多换花样；宝宝长牙后喜欢咬有嚼感的食物，不妨在这时把水果泥改成水果片；食物也要注意色彩搭配，以激起宝宝的食欲，但口味不宜太重。

别在宝宝面前品评食物

模仿是宝宝的天性，大人的一言一行、一举一动都会成为宝宝模仿的对象，所以妈妈不应在宝宝面前挑食及品评食物的好坏，以免养成他偏食的习惯。

重视宝宝的独立心

宝宝在半岁之后渐渐有了独立心，会尝试自己动手吃饭，这时，妈妈不应武断地坚持给宝宝喂食，而应鼓励宝宝自己拿汤匙进食，也可烹制易于宝宝手拿的食物，甚至在小手洗干净的前提下允许宝宝用手抓饭吃。久而久之，既让宝宝的独立欲望得到了满足，食欲也会更加旺盛。

教宝宝细嚼慢咽

有的宝宝饿了或者急着要去玩，吃起饭来狼吞虎咽，囫囵吞枣，把未经充分咀嚼磨碎的食物吞入胃内，对身体是十分有害的。宝宝有狼吞虎咽的进食习惯时，妈妈一定要及早帮助宝宝纠正，教宝宝学会细嚼慢咽对增进宝宝的健康大有裨益。

可促进颌骨发育

咀嚼能刺激面部颌骨的发育，增加颌骨的宽度，增强咀嚼功能。如宝宝颌骨生长发育不好，会发生颌面畸形、牙齿排列不齐、咬合错位等。

有助于预防牙齿疾病

咀嚼增加食物对牙齿、牙龈的摩擦，可达到清洁牙齿和按摩牙龈的目的，从而加速牙齿、牙周组织的新陈代谢，提高抗病能力，减少牙病的发生。

有助于食物的消化

咀嚼时牙齿把食物嚼碎，唾液充分地将食物湿润并混合成食团，便于吞咽。同时唾液中含有淀粉酶，能将食物中的淀粉分解为麦芽糖。所以，人们吃馒头时，咀嚼的时间越长，越觉得馒头有甜味，这就是淀粉酶的作用。食物在嘴里咀嚼时通过条件反射引起胃液分泌增加，有助于食物的消化。

有利于营养物质的吸收

有试验证明，细细咀嚼的人比不细细咀嚼的人能多吸收蛋白质 13%、脂肪 12%、纤维素 43%，所以，细嚼慢咽对于营养素的吸收是大有好处的。

多大的宝宝可以吃零食

主食以外的糖果、饼干、点心、饮料、水果等就是零食。已经能够吃一些固体辅食的 7 个月大的宝宝，也可以适当吃一些零食了。

零食可以满足宝宝的口欲

7 个月左右的宝宝基本上处于口欲阶段，喜欢将各种东西都放入口中，以满足心理需要。吃零食既可以在一定程度上满足宝宝的这种欲望，也能避免宝宝把不卫生的或危险的东西放入口中。另外，适当地吃点零食还能为断奶做准备。

零食对宝宝的成长和学习有着重要的调节作用

从食用方式的角度而言，零食和正餐的一个重要区别就在于，正餐基本上都是由大人喂给宝宝吃的，而零食是由宝宝自己拿着吃的，所以适量吃一些零食对宝宝学习独立进食是个很好的训练。

宝宝吃零食一定要适量

虽然吃零食对宝宝有一定的好处，但不能不停地给宝宝吃零食。因为宝宝的胃容量很小，消化能力有限；宝宝口中老是塞满食物容易发生龋齿，尤其是含糖食品，会影响食欲和营养的吸收。此外，如果宝宝手里老是拿着零食，做游戏的机会就会相应减少，学讲话的机会也会减少，久而久之可能会影响语言能力及社会交往能力的发展。

宝宝动手才会熟悉食物

宝宝学"吃饭"实际上和培养宝宝兴趣，如看书、玩耍，没有什么两样。起初，宝宝喜欢拿食物、抓食物，通过"摸"等动作熟悉食物。拿、抓可以帮助宝宝掌握食物的形状和特性。从科学的角度而言，宝宝根本就没有不喜欢吃的食物，只看接触的频繁与否。而反复的"亲手"接触，能让宝宝对食物越来越熟悉，以后也不太可能挑食。

宝宝的磨牙辅食

如果原本平静的宝宝开始流口水、烦躁不安、喜欢咬坚硬的东西或总是啃手，说明宝宝开始长牙了。这时，妈妈要给宝宝添加一些可供磨牙的辅食。

水果条、蔬菜条

把新鲜的苹果、黄瓜、胡萝卜或西芹切成手指粗细的小长条喂食宝宝，清凉又脆甜，还能为宝宝补充维生素，可谓宝宝的磨牙上品。

柔韧的条形地瓜干

地瓜干是寻常可见的小食品，正好适合宝宝用小嘴巴咬，价格又便宜，是宝宝磨牙的优选食品之一。如果怕地瓜干太硬伤害宝宝的牙床，妈妈可以在煮熟米饭后，把地瓜干撒在米饭上，然后盖上锅盖焖一焖，地瓜干就会变得又香又软了。

磨牙饼干

磨牙饼干、手指饼干或其他长条形饼干等，既可以满足宝宝咬东西的欲望，又可以让宝宝练习自己拿着东西吃，也是宝宝磨牙的好食品。需要注意的是，不要选择口味太重的饼干，以免影响宝宝的味觉。

宝宝需要吃粗粮

五谷杂粮又被叫作粗粮，"粗"是相对于我们平时吃的大米、白面等细粮而言，主要包括谷类中的玉米、小米、紫米、高粱、燕麦、荞麦、麦麸以及各种干豆类(如黄豆、青豆、赤豆、绿豆等)。宝宝 7 个月后就可以吃一点粗粮，但添加需科学合理。

酌情、适量

宝宝患有胃肠道疾病时，要吃易消化的低膳食纤维饭菜，以防止发生消化不良、腹泻或腹部疼痛等症状。1 岁以内的宝宝，每天粗粮的摄入量不可过多，以 10 ～ 15 克为宜。较胖或经常便秘的宝宝，可适当增加膳食纤维的摄入量。

粗粮细做

为使粗粮变得可口、增进宝宝的食欲、提高宝宝对粗粮营养的吸收率，满足宝宝身体发育的需求，妈妈可以把粗粮磨成粉、压成泥、熬成粥，或与其他食物混合加工成花样翻新的美味食品。

科学混吃

科学地将食物混合在一起可以弥补粗粮中植物蛋白质所含的赖氨酸、蛋氨酸、色氨酸、苏氨酸低于动物蛋白质的这一缺陷。像八宝粥、腊八粥、玉米红薯粥、小米山药粥等，都是很好的混合性食品，既提高了食物的营养价值，又有利于宝宝胃肠道消化吸收。

多样化

食物中的任何一种营养素都是和其他营养素一起发挥作用的，所以宝宝的日常饮食应全面、均衡、多样化，控制脂肪、糖、盐的摄入量，适当增加粗粮、蔬菜和水果的比例，并保证优质蛋白质、碳水化合物、多种维生素及矿物质的摄入量。只有这样，才能保证宝宝的营养均衡合理，有益于宝宝健康成长。

让宝宝有好牙齿需注意什么

　　一般宝宝会在 6～8 个月时开始长出 1 到 2 颗门牙。宝宝长牙后，妈妈要注意以下几个方面，以使宝宝拥有好的牙齿及养成良好的用牙习惯。

及时添加有助于乳牙发育的辅食

　　宝宝长牙后，就应及时为其添加一些既能补充营养又能帮助乳牙发育的辅食，如饼干、烤馒头片等，以促进乳牙的萌出。

要给宝宝少吃甜食

　　这是因为甜食易被口腔中的乳酸杆菌分解，产生酸性物质，破坏牙釉质。

纠正不良用牙习惯

　　如果宝宝有吸吮手指、吸奶嘴等不良习惯，应及时纠正，以免造成牙位不正或前牙发育畸形。

注意宝宝口腔卫生

　　从宝宝长牙开始，妈妈就应注意宝宝的口腔清洁，在宝宝进食后用干净的湿纱布轻轻擦拭其牙龈及牙齿。宝宝 1 周岁后，妈妈就应该教他练习漱口。刚开始漱口时，宝宝容易将水咽下，因此可用凉开水为宝宝漱口。

为什么反对给宝宝吃"汤泡饭"

有的妈妈觉得汤中营养丰富，而且宝宝容易消化，喜欢给宝宝吃"汤泡饭"，其实，这是一个错误的做法。

汤泡饭不利咀嚼与消化

很多宝宝不喜欢吃干饭，喜欢吃更省力的"汤泡饭"。妈妈便顺着宝宝，每餐用汤拌着饭喂宝宝。长久下来，宝宝不仅营养不良，而且养成了不肯咀嚼的坏习惯。吃下去的食物不经过牙齿的咀嚼和唾液的搅拌，会影响消化吸收，也会导致一些消化道疾病的发生，所以，一定要改掉给宝宝吃"汤泡饭"的习惯。

餐前适量喝汤才正确

当然，反对给宝宝吃"汤泡饭"并不是说宝宝就不能喝汤了，其实鲜美可口的鱼汤、肉汤可以刺激胃液分泌，增加食欲，只是妈妈要掌握好宝宝每餐喝汤的量和时间，餐前喝少量汤是有助于开胃的，但千万不要让宝宝无节制地喝汤。

7～9个月宝宝的营养辅食方案

7个月

宝宝一日营养计划

上午	6：00 母乳或配方奶200～220毫升，馒头片（面包片）15克
	9：30 饼干15克，母乳或配方奶120毫升
下午	12：00（肝泥）粥40～60克
	15：00 面包15克，母乳或配方奶150毫升
	18：30 番茄鸡蛋面60～80克，水果泥20克
晚上	21：00 母乳或配方奶200～220毫升
鱼肝油	每天一次
其他	保证饮用适量白开水

牛奶鸡蛋糊

原料

牛奶250毫升，鸡蛋1个。

做法

1. 把牛奶先倒入小奶锅里，然后打入鸡蛋。
2. 开小火按顺时针方向不停地搅动，直至冒起小泡成为奶糊，凉凉后即可喂食宝宝。

小饭桌提示：

牛奶的营养价值很高，所含矿物质种类也非常丰富，最难得的是，牛奶是人体钙的最佳来源，而且钙磷比例非常适当，利于钙的吸收，适合刚添加辅食的小宝宝食用。

虾泥

原料

鲜海虾2只，油少许，水适量。

做法

1. 把虾仁剥出来，清洗干净。

2. 再用刀背打成泥，放少量水，淋上油，上锅蒸10分钟即可。

扇贝小米粥

原料

扇贝2个，小米50克，水适量。

做法

1. 将小米洗净晾干后打至稍碎，然后再泡30分钟。

2. 扇贝只取扇贝肌（就是与两壳连接的白色的圆柱，也叫贝柱），煮10分钟，取出研碎，再放入水中，煮成汤。

3. 将泡好的小米放入扇贝汤中同煮成糊状即可，不用加盐。

小饭桌提示：

每100克芝麻含有钙564毫克，含铁50毫克，是猪肝含铁量的2倍、鸡蛋黄含铁量的7倍。可补血、补肝、润肠，促进大脑发育，宝宝食用芝麻有益于机体生长发育。

芝麻粥

原料

大米50克，芝麻1汤勺，核桃1个，小花生15粒，水适量。

做法

1. 将核桃、花生碾碎，与芝麻一起放在锅内炒熟，待凉后打成粉。
2. 大米加入水中煮开后，加入芝麻、花生、核桃粉，小火煮1小时即可。

胡萝卜奶羹

原料

胡萝卜、婴儿米粉各25克，炼乳10克，水适量。

做法

1. 将胡萝卜切丝，炒熟，捣成泥。
2. 米粉加水、炼乳和胡萝卜泥调成糊状即可。

小饭桌提示：

这道辅食可提供膳食纤维0.5克。其中的钙、磷、β-胡萝卜素、脂肪、碳水化合物和蛋白质含量较丰富。

辅食，宝贝这样吃

肉松粥

原料

大米、肉松、葱花、水各适量。

做法

1. 大米洗净后用水浸泡2小时，加入适量的水，大火烧开，微火慢慢熬成粥。

2. 将葱花与肉松一起放入粥内，继续熬几分钟即可。

功能

肉松的主要营养成分是蛋白质和多种矿物质，胆固醇含量低，蛋白质含量高，同时肉松香味浓郁，味道鲜美，生津开胃。

鲜红薯泥

原料

红薯50克，水适量。

做法

1. 将红薯洗净，去皮，切碎捣烂。

2. 稍加温水，放入锅内煮15分钟左右，至烂熟。

小饭桌提示：

宝宝可能会很爱吃红薯泥，但不要让宝宝吃得太多。

鱼泥

原料

净鱼肉 50 克，水 100 毫升。

做法

1. 将鱼肉洗净，加水清炖 15 ～ 20 分钟。
2. 肉熟透后剔净皮、刺，用小勺弄成泥状即可。

功能

鱼肉可提供丰富的动物蛋白、B 族维生素等营养素。

注意事项：

鱼的体表经常会有寄生虫和致病菌，做鱼时要把鱼鳞刮净，鱼腹内的黑膜去掉。

番茄鱼泥

原料

鲜鱼（一般选用鱼刺少的海鱼）约 30 克，鱼汤 2 大勺，淀粉、番茄酱各少许。

做法

1. 先将鱼洗干净，然后放入热水中煮熟。
2. 从锅内捞出鱼，去骨刺和鱼皮，然后放入小碗内，用小勺背研碎。
3. 把研碎的鱼肉和鱼汤一起放入锅内煮。淀粉加水调成芡汁，并加入少许番茄酱调匀，将芡汁倒入锅中搅拌，煮至黏稠状停火，即可食用。

114

辅食，宝贝这样吃

南瓜粥

原料

南瓜、米、水各适量。

做法

1. 将米先稍打碎点，煮成稀粥。

2. 将南瓜捣碎成蓉，将南瓜蓉放进稀粥里调匀。

> **小饭桌提示：**
>
> 这道辅食符合宝宝吃粥的要求，清淡适宜。而且南瓜含有热量、水分、蛋白质、糖、纤维素、钙质、磷质、铁质和维生素A、维生素B_1、维生素B_2、维生素C，对宝宝成长有很大的帮助。

大枣山药粥

原料

糯米100克，山药50克，干大枣2颗，水适量。

做法

1. 山药去皮，切块；干大枣浸泡去核；糯米洗净，浸泡20分钟。

2. 糯米用旺火烧开，再用微火熬15分钟到了八成熟的时候放入山药块、大枣，继续熬制20分钟即可。

功能

糯米含有蛋白质、钙、铁、磷、维生素B_1、维生素B_2等营养素，可以缓解宝宝脾胃虚寒、食欲不振、腹胀腹泻等症状。

桃仁粥

原料

核桃仁 10 克，粳米或糯米 30 克，水适量。

做法

1. 将米稍打碎些，洗净放入锅内，加水后微火煮至半熟。

2. 将核桃仁炒熟后压成粉状，择去皮后放入粥里，煮至黏稠即可食用。

小饭桌提示：

核桃仁含丰富的蛋白质、脂肪、钙、磷、锌等营养成分，对宝宝的大脑发育极为有益。需注意的是核桃含油脂较多，一次不要给宝宝吃太多。

辅食，宝贝这样吃

8个月

宝宝一日营养计划

上午	6：00 母乳或配方奶 200 ~ 220 毫升，馒头片或面包片 25 克
	9：30 馒头 20 克，鸡蛋羹 20 克，母乳或配方奶 120 毫升
	10：30 果泥 50 克
下午	12：00 小馄饨 50 克
	15：00 蛋糕 20 克，母乳或配方奶 120 毫升
	18：30 肉末胡萝卜汤 60 克，番茄鸡蛋面 60 ~ 80 克，果泥 20 克
晚上	21：00 母乳或配方奶 200 ~ 220 毫升
鱼肝油	每天一次
其他	保证饮用适量白开水

豌豆粥

原料

豌豆、鲜玉米各 50 克，梨 2 片，水少许。

做法

1. 豌豆加少量水煮熟，轻搓去皮，压成泥，再倒入煮豆的水中煮。

2. 梨去皮，切成小丁，和玉米一起打成汁后倒入锅内与豆泥同煮，稍成糊状即可。

小饭桌提示：

豌豆蛋白质含量较高，是促进宝宝长身体的好帮手。

三豆粥

原料

水、绿豆、黑豆和赤豆各适量，大米少许。

做法

将绿豆、黑豆、赤豆和少许大米洗净，加水，放一起同煮至烂熟即可。

肉末炒豌豆

原料

鲜豌豆100克，猪肉50克，葱、姜、油各适量。

做法

1. 将豌豆洗净，猪肉剁成末，葱、姜切成末备用。

2. 热锅放入油，烧热后放入葱末、姜末，待煸炒出香味后，放入肉末炒，最后放入豌豆用大火快速翻炒，炒熟后即可食用。

功能

豌豆中含有优质蛋白质、胡萝卜素，纤维素、叶酸，有助消化、增强免疫力的作用。

辅食，宝贝这样吃

泥鳅紫菜汤

原料

泥鳅100克，紫菜5克，水适量。

做法

1. 泥鳅用清水养1～2天，待其把肠内污物排泄干净。紫菜用清水浸泡洗净。

2. 将锅中的水烧开，将活泥鳅倒入，迅速加盖煮20分钟，再加入紫菜煮10分钟，即可食用。

肉末胡萝卜汤

原料

新鲜的瘦猪肉50克，胡萝卜150～200克，水适量。

做法

1. 瘦猪肉洗净剁成细末，蒸熟或炒熟。

2. 胡萝卜洗净，切成大块，放入加了水的锅中煮烂，捞出挤压成糊状，再放回原汤中煮沸。

3. 将熟肉末加入胡萝卜汤中拌匀。

功能

提供蛋白质、维生素A、维生素D、维生素E等。

小饭桌提示：
这个阶段多让宝宝吃各类水果和新鲜蔬菜，可以避免因叶酸缺乏而引起的营养不良性贫血。

苹果葡萄露

原料

葡萄 200 克，苹果 1/2 个，水少量。

做法

1. 将苹果洗净切块，葡萄洗净。

2. 将苹果、葡萄、少量水放入榨汁机中榨汁。

功能

葡萄中的糖主要是葡萄糖，能很快被人体吸收，可预防低血糖。苹果中含有多种维生素、矿物质、糖类、脂肪等，对宝宝生长发育有益。

豆腐羹

原料

嫩豆腐 50 克，鸡蛋 1 个，水适量。

做法

1. 将嫩豆腐切成小块，放入碗内，再将鸡蛋打进去一起打成糊。

2. 加入适量清水搅拌均匀，用大火蒸 10 分钟即可。

功能

豆腐营养物质丰富，尤其是蛋白质含量较多，还含有 8 种人体必需氨基酸，以及不饱和脂肪酸、卵磷脂等。

辅食，宝贝这样吃

鳕鱼面

原料

鳕鱼 50 克，婴儿面、番茄酱、水、油各适量。

做法

1. 将婴儿面打成颗粒状或用手掰碎。

2. 将鳕鱼连皮一起放入加了水的锅中煮 10 分钟，然后取出，去皮去刺，将锅内放少许油，把鱼肉放入稍煎一下用铲子压碎备用。

3. 把婴儿面放入鱼汤中煮 10 分钟，出锅后淋上番茄酱和鱼肉即可。

番茄蛋花汤

原料

番茄、鸡蛋各 1 个，油少许，水 200 毫升。

做法

1. 将番茄切碎，鸡蛋打散。
2. 在炒锅里放少许油，将番茄放在炒锅里略炒一下。
3. 放入水，略煮一下，然后放入打好的鸡蛋(注意不要让水烧开)，一边煮，一边用勺搅，煮到汤开为止。

茯苓饼

原料

茯苓 20 克，糯米粉 50 克，白砂糖 10 克，水适量。

做法

1. 把全部原料放入小盆内调成糊。
2. 在平底锅上用文火摊烙成薄煎饼，随量食用。

功能

茯苓有宁心安神的作用，如果宝宝经常睡不踏实，易烦躁，可以给宝宝食用少量茯苓饼。

虾泥蛋羹

原料

虾2只，蛋黄1个，水、油各适量。

做法

1. 将鸡蛋中的蛋黄打入碗里并搅散。

2. 剥出虾肉，取出虾线，并去掉虾肠，把虾放入水中煮熟，去皮。用勺子压住虾肉碾一下，再用刀剁碎。

3. 将虾泥放入打好的蛋黄里，加水，加油调匀，放入锅中小火蒸7分钟即可。

琼浆玉液

原料

粳米60克，核桃仁50克，配方奶200毫升。

做法

1. 将粳米洗净，浸泡1小时后捞出，沥干水分。

2. 将粳米、核桃仁、配方奶加少量水，放入搅拌机中打碎，用漏斗过滤取汁。

3. 将汁倒入锅内加适量水煮沸，凉凉后即可给宝宝食用。

红薯粥

原料

大米50克，红薯1个，水适量。

做法

1. 红薯削皮，洗净，切细粒；大米洗净后浸泡1小时左右。

2. 锅里倒水，放大米、红薯，先用大火煮开，然后用微火慢慢熬制，直至米软、红薯黏，凉凉后即可喂食宝宝。

功能

红薯中含有丰富的碳水化合物、纤维素、钙、磷、铁、锌以及维生素B_1、维生素B_2、维生素B_3等，可以预防宝宝肥胖。

辅食，宝贝这样吃

9 个月

宝宝一日营养计划

上午	6：00 母乳或配方奶 200 ～ 220 毫升，馒头片或面包片 30 克
	8：00 水果泥 100 ～ 150 克
	10：30 蛋花青菜面 100 克
下午	12：00 母乳或配方奶 200 ～ 220 毫升
	15：00 虾仁小馄饨 80 克
	18：00 清蒸带鱼 25 克，土豆泥 50 克，米粥 25 克
晚上	21：00 母乳或配方奶 200 ～ 220 毫升
鱼肝油	每天一次
其他	保证饮用适量白开水

大枣奶茶

原料

大枣 20 枚，鲜牛奶 250 毫升，水适量。

做法

1. 大枣洗净，剖开，放入锅中，加入适量的水，浓煎 2 次，
   每次 30 分钟。
2. 合并 2 次煎液，用小火浓缩至 150 克，再把煮沸的牛奶
   冲入，调匀即可。

燕麦南瓜糊

原料

燕麦、南瓜各50克，水适量。

做法

1. 将南瓜去皮，切片，蒸熟，碾成泥状，放凉备用。

2. 燕麦先用水洗一下，放入加了水的锅中煮成粥。

3. 将南瓜泥放入燕麦粥中搅匀，放至温热后，即可食用。

功能

燕麦是营养价值较高的谷物之一，含有钙、铁、磷、锌等矿物质和膳食纤维。

韭菜粳米粥

原料

新鲜韭菜30克，粳米100克，水适量。

做法

1. 将新鲜韭菜洗净后切末。

2. 将粳米与水同煮为粥，待粥沸后，再加入韭菜末煮10分钟。

功能

韭菜具有极高的营养价值，能为宝宝补充充足的营养。

南瓜香蕉羹

原料

南瓜100克，香蕉1根，水少量。

做法

1. 将南瓜去皮、去瓤，蒸熟后碾成泥状。

2. 香蕉剥皮，碾成泥状。

3. 把香蕉泥和南瓜泥加水，混合在一起搅拌均匀，即可喂食。

功能

南瓜可为宝宝提供胡萝卜素、维生素A、维生素E等。

鸡肉菜粥

原料

大米100克，鸡肉15克，油菜叶10克，水适量。

做法

1. 将鸡肉煮熟切碎；油菜叶焯熟，切碎，备用。大米加水煮成粥。

2. 将鸡肉加入粥中煮，待鸡肉煮软即可加入油菜末，1分钟后关火即可。

功能

鸡肉的脂肪含量很低，维生素却很多，而油菜中包含多种营养素，钙、铁、维生素C和胡萝卜素的含量都很丰富。

香菇鲜虾小包子

原料

煮熟的鸡蛋、香菇、虾、猪肉馅、自发粉、葱末、姜末、香油各适量。

做法

1. 将鸡蛋、香菇、虾剁碎后拌入猪肉馅，加葱末、姜末、香油搅拌成馅。

2. 事先和好自发面粉，醒30～60分钟，做成包子皮。

3. 包好包子，上屉大火蒸15分钟。

功能

香菇含有丰富的蛋白质、维生素以及钙、铁、镁、磷、铜等营养物质。

什锦猪肉菜末

原料

猪肉10克，胡萝卜、番茄、柿子椒、葱头各7克，肉汤适量。

做法

将猪肉、胡萝卜、番茄、柿子椒、葱头切成碎末，一起放入锅中加肉汤煮软即可。

功能

猪肉含有丰富的优质蛋白质和必需的脂肪酸。

银耳南瓜粥

原料

南瓜、银耳、大米、水各适量。

做法

1. 南瓜去皮、去瓤，切块。
2. 银耳用水发好，洗净。
3. 大米先和水同煮成粥后，加入南瓜、银耳一起煮，待南瓜、银耳都煮软的时候即可出锅。

功能

南瓜含有一种特殊的果胶，能有效地保护胃黏膜，避免宝宝的胃受创。

木瓜白果鸡肉汤

原料

青木瓜 100 克，白果 10 克，鸡肉 50 克，姜片、水适量。

做法

1. 将鸡肉斩块、焯水；青木瓜去皮、去子、切块；白果去壳衣，用清水洗净。

2. 将青木瓜块、鸡块、白果、姜片一同放入砂锅，加水炖煮 60 分钟后，撇出上层浮沫即可。

功能

白果含有蛋白质、脂肪、维生素 C、胡萝卜素、钙、铁、磷等营养素；木瓜富含维生素 A、B 族维生素；鸡肉有增强体力、强壮身体的作用。

辅食，宝贝这样吃

疙瘩汤

原料

番茄1个，鸡蛋1个，面粉50克，木耳2朵，香菜、油、水各适量。

做法

1. 番茄洗净，切碎；鸡蛋磕入碗中打散成蛋液；香菜洗净切碎；木耳切碎。

2. 将面粉放入大碗中，慢慢加入适量水，用筷子搅拌成均匀的小疙瘩备用。

3. 锅中倒入少许油烧热，放入番茄碎块煸炒出汤汁，放木耳碎末，翻炒片刻，加入水烧开，将面疙瘩一点点地倒入锅中并搅散，用中火滚煮3分钟至熟透。

5. 淋入鸡蛋液，搅匀后再次烧开，放香菜末即可出锅。

功能

木耳含有大量的碳水化合物、蛋白质、铁、钙、磷、胡萝卜素、维生素等营养素；番茄中的维生素C有利于木耳中铁的吸收。

冬瓜丸子汤

原料

冬瓜 200 克，瘦猪肉馅 100 克，鸡蛋清 1 个，高汤、香菜、姜末、淀粉各适量。

做法

1. 将冬瓜去皮，洗净切片；瘦猪肉馅加入淀粉、鸡蛋清、姜末，充分搅拌。

2. 锅内放入高汤烧开，把瘦猪肉馅挤成丸子下锅。丸子上浮后倒入冬瓜片，冬瓜熟后撒上香菜，勾薄芡即可出锅。

辅食，宝贝这样吃

专家 面对面

Q：我给孩子吃小块食物时，他会咳嗽，而且看上去有些窒息，这是为什么？

A：很多宝宝对小块食物非常敏感，甚至是对非常小块的食物，也都相当敏感。只要他们感觉到这样的食物，就会作呕并且咳嗽，看上去要窒息一样。对于大多数宝宝来说，这样现象很快就能过去，但对于某些宝宝来说，这种现象会持续。这时要尽量让宝宝重新再吃果泥和能用手抓着自己进食的食物，像面包和苹果。如果宝宝在新生儿阶段喂奶不顺利，对块状食物的敏感性反应也会更加频繁。

A：在牙齿突破牙龈长出来之前，宝宝的牙齿和牙龈也是很脆弱的。通过限制含糖食物，能够帮助防止龋齿。如果宝宝生病，你给宝宝吃糖浆类的药物，最好用无糖类的。当宝宝长出第一颗牙齿时，要开始

Q：我该怎么样护理宝宝的牙齿？

进行清洁。有些父母会用柔软的布块、弄湿的纱布或者缠在手指上的干净的手帕，如果宝宝能配合，你也可以用专门的宝宝牙刷和牙膏。一天刷2次牙能够帮忙防止细菌增长，以免导致龋齿，在晚上刷牙尤其重要。

Q：我的宝宝在吃饭前或后都会哭，他是对食物过敏吗？

A：如果宝宝比平常哭得多，喂他吃东西可能是原因所在，尽管也许还存在一些其他的身体方面的问题，包括不太明显的绞痛，还有牙痛、长牙。如果宝宝很饿，其中一个可能的原因是酸性回流。通常情况下，是由于对牛奶蛋白质不耐受。如果几乎每次喂奶的时候宝宝都会哭，医生会建议试试无乳糖饮食。如果宝宝哭的时候做屈膝动作，可能是便秘或者血液有问题，医生会检查是否肠功能紊乱。男孩还有可能是疝气，通常表现为腹股沟肿胀很明显。各种原因都有可能导致宝宝哭。

Q：我怎么知道宝宝是否吃饱了呢？

A：如果宝宝很健康、快乐而且确实体重增加了，应该就吃饱了。宝宝的胃口变化是完全正常的事情，其营养需求会不时地变化，长牙的时候、发烧或者身体不舒服的时候，可能不想吃东西。唯一可能确认宝宝是否吃饱的方法是，定期观察宝宝的体重和成长，通常观察1个星期就可以了，2个星期乃至1个月效果会更好。

每个宝宝的胃口和喜好都有很大的不同。饮食方式和行为是在孩童时期遇到的最频繁的问题之一。这些问题让父母和专业人员感到担忧，但是很少会导致真正的疾病。宝宝主要的营养问题是吃得过多，导致肥胖，反而会被忽视，人们通常认为胖胖的宝宝是健康的。

A：很多母乳喂养的妈妈都会遇到这样的问题。如果宝宝咬你，你可以把手放到宝宝嘴里，打断他的吮吸，将宝宝挪走，坚定地说"不"，然后暂停喂奶。重复几次后，也许宝宝就能够将咬你与你拒绝喂奶联系起来。喂奶的时候，要确保你和宝宝两个人都不被打扰，宝宝咬你一小口可能只是为了引起你的注意。

Q：我7个月大的宝宝长了4颗牙，并且咬我。喂奶的时候我应当警告宝宝吗？

宝宝吃奶的时候，如果你的眼睛一直看着他，宝宝就不怎么会咬你。如果宝宝最近刚长了牙齿，可能觉得咬你是一件很快乐的事情，不要鼓励他玩咬你的鼻子或者手指的游戏。

如果你想停止母乳喂养，此时正是好时候。开始时可以用挤出来的母乳，如果宝宝不喝瓶装奶，换另外一个身上没有奶味的大人先喂他几天会有所帮助。

辅食，宝贝这样吃

Q：我担心宝宝消化不良，因为他排出来的豌豆、甜玉米、葡萄干跟吃进去的时候样子相同。

A：豌豆、胡萝卜、番茄皮以及其他纤维物质未经消化的情况是很正常的。这些食物需要更长时间才能完全消化，对有些宝宝来说，从吃饭到排泄的时间很短，消化不充分。如果这种情况持续到学走路的年龄，有可能是腹泻，需要马上给宝宝吃弄成泥的食物来帮助消化，要让宝宝少吃不易消化的食物。

A：和大多数年幼的动物一样，宝宝的冒险心理让他去试验自己所有的感觉系统，味觉也不例外。你可以放心，除非最近刚使用了杀虫剂，不然吃几口花园里的土不会对宝宝造成伤害。总的来说，尽管土壤里面会有细菌和其他生物，但吃少量土壤确实极少会让宝宝患病。尽管如此，为了以防万一，妈妈看见后仍要制止宝宝。

Q：我的宝宝吃土以及院子里不卫生的生物，这危险吗？

Q：吮吸拇指对宝宝的牙齿有害吗？

A：这种行为对宝宝来说是很正常的。一半以上的宝宝都会吮吸拇指或其他手指，95% 的宝宝到 6 岁的时候才会停止这种习惯。最可能坚持这种行为的是那些需要吮吸拇指才能睡觉的宝宝，这已经成为他们的一种习惯。吮吸拇指不会有伤害，通常是一种舒服的行为，它表示宝宝觉得自己不被打扰，很安全，也不会伤害牙齿或者拇指。如果你觉得不能够接受宝宝吮吸拇指的行为，那么要找找自身的原因——因为允许宝宝做他觉得舒服的事情是最好的。

10 ～ 12 个月

初期的辅食类型为细嚼型，质地为碎末，如碎菜、虾末、瘦肉末。宝宝快满1周岁时，可将辅食类型转为咀嚼型，质地比正常饭菜软烂。这个时期宝宝的饮食需从以奶类为主渐渐过渡到以谷类食物为主。妈妈要特别注意辅食的质与量，既要避免宝宝营养不良，也要避免过度喂食。

从辅食中获取营养

这个阶段的宝宝需要减少乳制品的摄入，增加辅食的摄入。因为在这个阶段，即使妈妈有比较充足的母乳，单喂母乳仍不能满足宝宝每日所需的营养，必须为宝宝添加辅食，以便为宝宝补充维生素、膳食纤维素、蛋白质等。奶制品可以补钙，但如果母亲乳汁充足也不必给宝宝断母乳，只需要掌握好喂母乳的时间。一般情况下，可在早晨起来、临睡前、半夜醒来时给宝宝喂母乳。这样，白天宝宝就不会总要吃母乳，不会总和妈妈撒娇了，也就不影响宝宝吃辅食了。

帮宝宝习惯一日三餐的规律

在这一阶段，可以根据情况让宝宝习惯一日三餐了。一般宝宝都会流露出一些迹象提醒爸爸妈妈，比如总是这顿好好吃，下顿不好好吃，下一顿又好好吃，就说明中间这一顿宝宝不饿，可以取消。

爸爸妈妈可以分早、中、晚3次喂宝宝吃辅食，使宝宝与大人的进食时间同步，喂完辅食后紧接着让宝宝喝点牛奶，早晚各喝一次，可以将酸奶、奶酪等奶制品或饼干、水果等作为零食随时给宝宝食用。

循序渐进断母乳

前几个月的辅食添加为断母乳提供了基础。此时，想断奶的妈妈应尽可能采用自然断奶法，逐渐减少喂母乳的时间和量，用配方奶或辅食替代母乳，直到完全停止母乳喂养。不要采用将药物或辛辣食物涂在乳头上的强制断奶法，以免给宝宝的心理造成不良影响。断奶应选择气候适宜的春秋季节，最好别在夏季断奶，宝宝生病时也不宜断奶。

让宝宝爱上蔬菜

有的宝宝不爱吃蔬菜，即使爸爸妈妈将蔬菜切碎混合到其他食物中，或者选择其他形式喂给宝宝，宝宝仍不肯吃。这时爸爸妈妈也不用着急，更不要强迫宝宝去吃。

我们让宝宝多吃蔬菜，是因为蔬菜中含有钙、钾、铁等矿物质和维生素 A、维生素 B_1、维生素 C 等。如果宝宝不爱吃蔬菜，我们可以给宝宝喂食用这些蔬菜制作的馅类食品，或变换制作花样，但不要用水果代替蔬菜，因为水果中所含的矿物质不如蔬菜多。

鱼、肉、蛋、奶类不可少

在这一时期，宝宝身体的各部分组织都需要充足的营养，其中以蛋白质为主。蛋白质的来源主要是鱼、肉、蛋、奶类。其中，牛奶是动物性蛋白质的最好提供者，这也是给宝宝断母乳但不断奶制品的原因。

逐渐加大辅食添加的量

断奶是建立在成功添加辅食的基础上的，适时、科学地给宝宝断奶对宝宝和妈妈的健康非常重要。从 10 个月起，每天先给宝宝减掉一顿奶，添加辅食的量相应加大。过一周左右，如果妈妈感到乳房不太发胀，宝宝消化和吸收的情况也很好，可再减去一顿奶，并加大添加辅食的量，逐渐断奶。减奶最好先减去白天喂的那顿，因为白天有很多吸引宝宝的事情，他不会特别在意妈妈。但在清晨和晚间，宝宝会非常依恋妈妈，需要从吃奶中获得慰藉。断掉白天那顿奶后再逐渐停止夜间喂奶，直至过渡到完全断奶。

妈妈断奶的态度要果断

在断奶的过程中，妈妈既要使宝宝逐步适应饮食的改变，又要采取果断的态度，不要因宝宝一时哭闹就下不了决心，从而改变断奶计划。而且，反复断奶会接二连三地刺激宝宝的不良情绪，对宝宝的心理健康有害，容易造成情绪不稳、夜惊、拒食，甚至为日后患心理疾病留下隐患。

不可采取生硬的方法

宝宝不仅把母乳作为食物，而且对母乳有一种特殊的感情，因为它给宝宝带来安全感，所以断奶态度要果断，但千万不可采用仓促、生硬的方法。错误的断奶方式会使宝宝的情绪陷入一团糟，因缺乏安全感而大哭大闹，不愿进食，导致脾胃功能紊乱、食欲差、面黄肌瘦、夜卧不安，从而影响生长发育，使抗病能力下降。

注意抚慰宝宝的不安情绪

在断奶期间，宝宝会有不安的情绪，妈妈要格外关心和照顾，尽量多花些时间来陪伴宝宝。

宝宝生病期间不宜断奶

宝宝到了离乳月龄时，若恰逢生病、出牙，或是换保姆、搬家、旅行及妈妈要去上班等情况，最好先不要断奶，特殊情况会加大断奶的难度。给宝宝断奶前，最好带宝宝去医院做一次全面体格检查，宝宝身体状况好，消化能力正常才可以断奶。

断奶后如何科学安排宝宝的饮食

主食以谷类为主

米粥、软面条、麦片粥、软米饭或玉米粥都是不错的主食，此外还应该适当给宝宝添加一些点心。

补充蛋白质和钙

断奶后的宝宝少了一种优质蛋白质的来源，而这种蛋白质又是宝宝生长发育必不可少的。牛奶是断奶后宝宝理想的蛋白质和钙的来源之一，所以断奶后除了给宝宝吃鱼、肉、蛋外，每天还一定要喝牛奶，同时，每天吃高蛋白的食物 25 ～ 30 克。

吃足量的水果蔬菜

可以把水果制作成果汁、果泥或果酱，也可切成小块，每天 50 ~ 100 克。把蔬菜制作成菜泥，或切成小块煮烂，每天 50 ~ 100 克，与主食一起吃。

增加进餐次数

宝宝的胃很小，可对于热量和营养的需要却相对很大，不能一餐吃得太多，最好的方法是每天进 5 ~ 6 次餐。宝宝的食物种类要多样，这样才能得到丰富均衡的营养。

留住食物中的营养

宝宝渐渐长大，能吃的食物越来越多，辅食的烹饪方式也有更多的选择。妈妈在给宝宝做辅食时，应最大限度地保存食物中的营养素，减少不必要的营养流失。妈妈可从下列几点予以注意。

蔬菜要新鲜，先洗后切，以防水溶性维生素溶解在水中；水果在要吃的时候再削皮，以防维生素在空气中氧化。

用容器蒸或焖米饭，可很好地保留其中的维生素 B_1 和维生素 B_2。

蔬菜最好用蒸煮或大火急炒的方式烹制，这样维生素 C 的损失较少。

合理使用调料，比如醋可起到保护蔬菜中 B 族维生素和维生素 C 的作用。在做鱼和炖排骨时，加入适量醋，可促使骨中的钙溶解，有利于宝宝吸收。

尽量不采用油炸的烹饪方式，因为高温对维生素的破坏较大。

让宝宝逐渐适应不喜欢的食物

宝宝会用一些行动表示自己不喜欢某种食物，拒绝吃它。此时，妈妈应该找出原因，想一想适合自己宝宝的解决方法，让宝宝慢慢接受，而不是马上放弃。

一口饭菜在口中含好久

如果有这样的情况，可以观察一下，宝宝口中是不是有他不爱吃的。如果是，下一口食物可选择宝宝喜欢的食物。有时可将宝宝喜欢吃的食物与不喜欢吃的食物混合一起喂食。

咬不动蔬菜怎么办

因纤维素的存在，宝宝咀嚼蔬菜较费力，容易放弃吃这类食物。制作餐点时，记得选择新鲜幼嫩的原料，或将食物煮得软烂，便于宝宝进食。

宝宝吞不下去的食物怎样处理

像金针菇、豆苗及纤维太长的蔬菜，宝宝直接吞食容易发生吞咽困难或造成呕吐，建议制作时先切细或剁碎。

宝宝为什么会有呕吐动作

部分果蔬中含有特殊气味，如苦瓜、荠菜、荔枝等，宝宝可能一下子不太接受，可减少供应的量或等宝宝较大时再试。

食物太酸啦

大部分的宝宝无法接受太酸的水果，可将水果放得较熟以后再吃。也可试试甜的水果或在里面加些酸奶打成果汁（不滤汁），或做成果冻吸引宝宝尝试。

防治宝宝积食

给宝宝添加辅食，至少1周左右再改品种，量也不要一下增加太多，要仔细观察宝宝的反应，如添加辅食后宝宝很久不思母乳，就说明辅食添加过多、过快，要适当减少。宝宝如出现不消化现象，会出现呕吐、拉稀、食欲不振等症状，如果喂什么宝宝都把头扭开，手掌拇指下侧有轻度青紫色，说明有积食，要考虑停喂两天辅食，还可到药店买几包"小儿消食片"（一般为粉末状，加少许在米汤、牛奶或稀奶糊中喂入即可）。

宝宝可以吃蜂蜜吗

蜂蜜中含有多种营养成分，营养价值比较高，历来被认为是滋补的上品，但1岁以内的宝宝却不宜食用。这是因为蜜蜂在采蜜时，难免会采集到一些有毒的植物花粉，或者将致病菌混入蜂蜜中，宝宝食用以后会出现不良反应，比如腹泻、疲倦、食欲减退等。另外，蜂蜜中还可能含有一定的雌性激素，如果长时间食用，可能导致宝宝提早发育。

辅食，宝贝这样吃

宝宝不能太胖哦

肥胖的发生虽与遗传有关，但最直接的原因可能是大人缺乏喂养知识，过分增加营养，让宝宝过多进食，造成热量过剩，导致肥胖。所以，合理喂养是避免宝宝肥胖的主要方法。糖和脂肪为人体热量的主要来源，所以给宝宝喂高热量食物时要有所控制，减少脂肪、糖等的摄入。

如何训练宝宝自己用餐具吃饭

宝宝六七个月时就已经开始吃"手抓饭"了，到了 10 个月时，宝宝手指比以前更灵活，大拇指和其他 4 个手指能对指了，基本可以自己抓握东西、取东西了，这时就应该让宝宝自己动手用简单的餐具进餐。其实，训练宝宝自己吃饭，并不如想象中的困难，只要妈妈多点耐心，多点包容心，是很容易办到的。

汤匙、叉子

10 个月时，妈妈可以让宝宝试着使用婴幼儿专用的小汤匙来吃辅食。由于宝宝的手指灵活度尚不是很好，所以，一开始多半会采取握姿，妈妈可以从旁协助。如果宝宝不小心将汤匙摔在地上，妈妈也要有耐心地引导，不可以严厉地指责宝宝，以免宝宝排斥学习。到了宝宝 1 岁之后，通常就可以灵活运用汤匙了。

碗

到了 10 个月左右，妈妈就可以准备底部宽广、较轻的碗让宝宝试着使用！不过，由于宝宝的力气较小，所以装在碗里的东西最好不要超过 1/3，以免过重或容易溢出；为了避免宝宝烫伤，装的食物也不宜太热。拿碗时，只要让宝宝用双手握住碗两旁的把手就可以了。此外，宝宝可能不懂一口一口地喝，妈妈可以从旁协助，调整一次喝的量。

杯子

宝宝 1 岁左右，妈妈就可以使用学习杯来引导宝宝使用杯子了。一开始应让宝宝两手扶在杯子 1/3 的位置，再小心端起，以避免内容物洒出来。到了 3 岁左右，宝宝就可以自己端汤而不洒出来了。

11 个月的宝宝可随意添加辅食吗

有的妈妈可能会问，宝宝到了 11 个月已经算是个大小孩了，添加辅食也有半年时间了，是不是能随意添加食品了？答案是否定的，11 个月的宝宝，也有不宜添加的食品。

刺激性太强的食品不宜吃

含有咖啡因及酒精的饮品，会影响神宝宝经系统的发育；汽水等清凉饮料容易造成宝宝食欲不振；辣椒、胡椒、大葱、大蒜、生姜、山芋、咖喱粉、酸菜等食物，极易损害宝宝娇嫩的口腔、食道、胃黏膜。

高糖、高脂类食物不宜吃

巧克力、麦乳精、可乐、过甜的乳酸饮料等含糖太多的食物，油炸食品、肥肉等高脂类食品，都易导致宝宝肥胖。

不易消化的食品不宜吃

如章鱼、墨鱼、竹笋、糯米制品等均不易消化。

太咸、太腻的食品不宜吃

咸鱼、咸肉、咸菜及酱菜等食物太咸，酱油煮的小虾、肥肉、煎炒、油炸食品太腻，宝宝食后极易引起呕吐、消化不良。

小粒及带壳、有渣的食品不宜吃

花生米、黄豆、核桃仁、瓜子，鱼刺、虾的硬皮、排骨的骨渣等，都可能卡在宝宝的喉头或误入气管。

怎样通过饮食防治宝宝腹泻

婴儿腹泻比较常见，但并非不能预防。一般来说，只要注意调整饮食的结构，注意卫生和规律，腹泻是可以避免的。

应保证辅食卫生

在准备食物和喂食前，妈妈和宝宝均应洗手；食物制作后应马上食用，不要给宝宝吃剩的食物；用洁净的餐具盛放食物。

辅食添加要合理

由于婴儿消化系统发育不成熟，调节功能差，消化酶分泌少，活性低，所以开始添加辅食时应注意循序渐进，由少到多，由半流食逐渐过渡到固体食物。特别是脂肪类不易消化的食物不应过早添加。

喂食辅食要有规律

1岁以内的宝宝每天可以吃5顿，早、中、晚三次正餐，另外中间加2次点心或水果。

喂食过多、过少、不规律，都可导致宝宝消化系统紊乱而出现腹泻。如果宝宝腹泻次数持续增加，排出的大便呈水样、腥臭，并有精神萎靡、拒奶等表现，则应立即到医院就诊。

宝宝食用豆浆有哪些禁忌

不要加鸡蛋

鸡蛋中的蛋白容易与豆浆中的胰蛋白结合，使豆浆失去营养价值。

不要加红糖

红糖中的有机酸会和豆浆中的蛋白质结合，产生变性的沉淀物，这种沉淀物对人体有害。

不要喝未熟豆浆

生豆浆中不仅含有胰蛋白酶抑制物、皂苷和维生素A抑制物，而且含有丰富的蛋白质、脂肪和糖类，是微生物生长的理想条件。因而，给宝宝喝的豆浆必须煮熟。

辅食，宝贝这样吃

12 个月大的宝宝怎么吃水果

水果能吃块状了

宝宝快满周岁的时候，也有细心的妈妈还是把水果弄碎后再给宝宝吃，其实，给这个月龄的宝宝吃水果，一般只要切成块让宝宝自己拿着吃就可以了。此外，对宝宝来说没有什么特别好的水果之说，既新鲜又好吃的时令水果都可以给宝宝吃。

给宝宝吃无子水果

给宝宝吃带子的水果，像番茄中的小子，做不到一个一个地都除去后给宝宝吃时，应尽量给宝宝切无子的部分；西瓜、葡萄等水果的子比较大，容易卡在宝宝的食管造成危险，一定要去掉子后再给宝宝吃。

吃水果后宝宝大便异样不要惊慌

即使是在宝宝很健康的时候，有时给宝宝新添加一种水果（如西瓜）后，宝宝的大便中都可见到带颜色的像是原样排出的东西，遇到这种情况，妈妈也不必惊慌，这是因为宝宝的肠道一下子还不能适应新添加的食物，不能把这些食物完全消化掉。

什么时间给宝宝吃水果比较好

餐前餐后不宜吃水果

水果中有不少单糖物质，极易被小肠吸收，但若是积在胃中，就很容易形成胀气，以致引起便秘。所以，在饱餐之后不要马上给宝宝食用水果。此外，也不主张在餐前给宝宝吃，因宝宝的胃容量还比较小，如果在餐前食用，就会占据一定的空间，因此影响正餐的摄入。

两餐之间或午睡醒来吃水果最佳

把食用水果的时间安排在两餐之间，或是午睡醒来后，这样可让宝宝把水果当作加餐吃。每次给宝宝适宜的水果量为 50 ~ 100 克，并且要根据宝宝的年龄大小及消化能力，把水果制成适合宝宝消化吸收的形态。10 ~ 11 个月的宝宝可以吃削好的水果片，12 个月以后，就可以把削完皮的水果直接给宝宝吃了。

怎样给宝宝吃点心

断奶后，宝宝尚不能一次消化许多食物，一天仅吃几餐饭，尚不能保证生长发育所需的营养，除吃奶和已经添加过的辅食外，还应添加一些点心。给宝宝吃点心应注意以下几个方面。

选一些易消化的点心

此时宝宝的消化能力虽已大大进步，但与成人相比还有很大差距，因此，给宝宝吃的点心，要选择易消化的。糯米做的点心不易消化，也易让宝宝噎着，最好不要给宝宝吃。

不选太咸、太甜、太油腻的点心

太咸、太甜、太油腻的点心也不易消化，易加重宝宝肝肾的负担，再者，甜食吃多了不仅会影响宝宝的食欲，也会大大增加宝宝患龋齿的概率。

不选存放时间过长的点心

有些含奶油、果酱、豆沙、肉末的点心存放时间过长，或制作过程中不注意卫生，会滋生细菌，容易引起宝宝肠胃感染、腹泻。

点心只作为正餐的补充

点心味道香甜，口感好，宝宝往往很喜欢吃，容易吃多了而减少其他食物的量，尤其是对正餐的兴趣。妈妈一定要掌握这一点，在两餐之间宝宝有饥饿感、想吃东西时，适当加点心给宝宝吃，但如果加点心影响了宝宝的正常食欲，最好不要加或少加。

加点心最好定时

点心也应该每天定时，不能随时喂。比如，在饭后 1 ~ 2 小时适量吃些点心，是利于宝宝健康的。吃点心也要有规律，比如，上午 10 点，下午 3 点。不能给宝宝吃耐饥的点心，否则，等到正餐时间，宝宝就不想吃了。

10 ~ 12个月宝宝的营养辅食方案

10个月

宝宝一日营养计划

上午	6：00 母乳或配方奶 250 毫升
	9：00 果泥或菜泥 150 克
	10：00 鸡蛋羹（可尝试全蛋）1 中碗，馒头片或面包片 30 克
下午	12：00 豆奶 120 毫升，加适量白糖，小饼干 20 克
	15：00 虾仁小馄饨 80 克
	18：00 清蒸带鱼 25 克，土豆泥 50 克，米粥 25 克
晚上	21：00 母乳或配方奶 200 ~ 220 毫升
鱼肝油	每天一次
其他	保证饮用适量白开水

小饭桌提示：
给宝宝做饭时多采用蒸、煮的方法，会比炸、炒的方式保留更多的营养元素，口感也比较松软，同时，还保留了更多食物原来的色泽，能有效地激发宝宝的食欲。

蒸嫩丸子

原料

瘦肉馅 60 克，青豆仁 10 颗，水 1 匙，淀粉少许。

做法

1. 肉馅加入煮烂的青豆仁及淀粉拌匀，甩打至有弹性，再分搓成小枣大小的丸状。
2. 把丸子以中火蒸 1 小时至肉软，盛出后用水淀粉勾芡。

功能

这道辅食可提供蛋白质、脂肪、维生素 A、维生素 E 等。

辅食，宝贝这样吃

核桃豆腐丸

原料

豆腐50克，鸡蛋1/2个，核桃仁适量，油、淀粉、面粉各少许。

做法

1. 将豆腐用勺子压碎，打入鸡蛋，加淀粉、面粉拌匀，做6~8个丸子，每个丸子中间夹一个核桃仁。
2. 旺火烧油锅，烧至五六成热，下丸子炸熟即可。
3. 可配在汤里给宝宝食用。

肉末茭白

原料

茭白100克，猪肉末50克，色拉油适量。

做法

1. 将茭白老壳去掉，洗净，从中间剖开，切成小片。
2. 炒锅上火，倒入色拉油，待油热后放入猪肉末，炒至猪肉末变色时，再放入茭白炒，直至熟透即可。

功能

茭白质地鲜嫩，味甘，有祛热、止渴、利尿的功效，夏季食用尤为适宜。

什锦甜粥

原料

小米、大米、花生米、绿豆、大枣、核桃仁、水、葡萄干各适量，白糖少许。

做法

1. 将各种原料分别淘洗干净，大枣洗净后去核。
2. 将绿豆放入锅内，加适量水，七成熟时，再向锅内加水，下入小米、大米、花生米、核桃仁、葡萄干、大枣，开锅后，转成微火煮至烂熟，吃时加少许白糖。

功能

绿豆可清热解毒、清暑益气、止渴利尿。核桃有健胃，补脑益智作用。

玉米薄饼

原料

新鲜玉米3个，葱、油、水各适量。

做法

1. 将玉米粒用刀削下，稍加水，用搅拌机打成糊状，备用。

2. 将葱切末放入玉米糊中，搅拌均匀。

3. 饼铛内放油，待油热后把玉米糊放入饼铛，摊成薄饼，用小火把两面烙成金黄色即可。

功能

玉米含有多种维生素，有很高的抗氧化剂活性，特别是玉米胚芽所含有的营养物质能促进人体的新陈代谢，对宝宝的成长发育有益。

猕猴桃银耳羹

原料

猕猴桃1个，泡发银耳3朵，水适量，莲子、冰糖各少许。

做法

1. 泡发银耳去掉根部，撕成小朵；莲子去芯；猕猴桃去皮，切成薄片。
2. 锅内放入适量清水，将银耳倒入。旺火煮开后，倒入莲子，微火熬煮约40分钟。
3. 放入冰糖熬化，放入猕猴桃。

功能

猕猴桃富含碳水化合物、膳食纤维、维生素C、维生素A、叶酸等营养素。

鱼丸生菜汤

原料

鱼肉150克，生菜、水各适量，淀粉少许。

做法

1. 将鱼剖开剔除鱼刺，鱼肉切碎与淀粉在一起搅拌；将生菜洗净，撕小片。
2. 将搅好的鱼肉制成鱼丸。
3. 砂锅加适量水烧开，放入鱼丸，煮熟后，放入生菜叶，稍煮片刻，关火即可。

功能

鱼肉是蛋白质的重要来源，且易被人体吸收。鱼肉还供给人体所需要的维生素A、维生素D、维生素E、铁、钙、磷、镁等营养素。

辅食，宝贝这样吃

11 个月

宝宝一日营养计划

上午	6：00 母乳或配方奶 250 毫升
	9：00 馒头片 20 克，虾仁 60 克，紫菜汤 80 克
	10：30 蛋糕 50 克
下午	12：00 软饭 35 克，鸡 100 克，豆奶 150 毫升
	15：00 水果 150 克
	18：00 清蒸带鱼 25 克，土豆泥 50 克，米粥 25 克
晚上	21：00 母乳或配方奶 250 毫升
鱼肝油	每天一次
其他	保证饮用适量白开水

火腿炒菠菜

原料

火腿肉、菠菜各 50 克，油适量。

做法

1. 将火腿肉切成小片；菠菜择洗干净、焯水、过凉，沥干水，切成段备用。
2. 将油放入锅内，热后投入菠菜煸炒几下，再将火腿放入和菠菜一起翻炒至熟即成。

功能

火腿色泽鲜艳，红白分明，美味可口，营养易被人体吸收。

鱼片蒸蛋

原料

鸡蛋2个，鲜鱼片200克，葱粒、橄榄油各适量。

做法

1. 将鱼片加入适量橄榄油拌匀。

2. 将鸡蛋打入碗中，搅拌成蛋液。

3. 蒸锅加水烧沸，放入盛蛋液的碗，用慢火蒸约7分钟，再加入鱼片，葱粒铺放在表面，续蒸3分钟后关火，利用余热焖2分钟取出即可。

功能

鱼类富含蛋白质、钙、铁、磷等营养素，有益于宝宝生长发育。

玉米排骨汤

原料

瘦的纯小排、新鲜的玉米、水各适量。

做法

1. 排骨放入开水中焯去血沫，将玉米切成小段。

2. 将排骨、玉米一起放入盛有凉水的锅中，用小火煮1小时，如果有时间可以用砂锅慢煲2小时左右，味道更好。还可加入葱和枣使汤更香。

小饭桌提示：

最初放水不要太多，不然汤会过清；煲的过程中不要加水，这样汤才香。

杂粮米粥

原料

大米、小米、高粱米、玉米渣、糯米、水各适量。

做法

1. 将所有谷物淘洗干净，备用。

2. 锅中水开后按照颗粒大小放入，如玉米渣先煮，煮软后放高粱米，由大到小依次下锅，煮至粥烂即可。

功能

玉米中的磷、维生素 B_1 的含量居谷类食物之首；高粱米富含蛋白质、铁、维生素 A、脂肪等营养物质。

葡萄枣杞糯米粥

小饭桌提示：
米粥熬得不要过稠，以便舀取上面的粥油。

原料

糯米、大枣、枸杞子、葡萄干、水各适量。

做法

1. 将糯米洗净浸泡1小时备用，大枣洗净去核，葡萄干、枸杞子浸泡后洗净。
2. 将泡好后的糯米加入有水的锅中，旺火煮开后转微火煮30分钟左右，加入大枣、葡萄干、枸杞子，用勺子搅拌一下，再用微火煮5分钟左右即可。

功能

葡萄干中含有多种维生素和氨基酸，铁和钙的含量也十分丰富，是体弱贫血宝宝的滋补佳品。

清蒸鳕鱼

原料

鳕鱼肉50克，葱、姜、酱油各适量。

做法

1. 将鳕鱼肉洗净放在盘中；葱、姜切细丝置于鳕鱼身上，淋上一小勺酱油。
2. 入锅蒸熟即可。

功能

鳕鱼肉质很鲜嫩，且鱼刺较大，几乎没有小刺，给幼儿吃比较安全。鳕鱼可提供DHA、蛋白质、钙、铁、锌和维生素A、维生素D、维生素E等。有助于增强消化功能和免疫力。

辅食，宝贝这样吃

栗子大米皮蛋粥

原料

栗子、大米、皮蛋、清水各适量。

做法

1. 栗子去皮；皮蛋去皮、切丁；大米洗净。

2. 将大米、栗子放入锅中，加入清水熬至黏稠。

3. 放入皮蛋，熬制片刻即可。

功能

栗子含有相当多的碳水化合物，比其他坚果多了 3~4 倍，蛋白质和脂肪较少，所含热量比其他坚果少了一半以上。栗子含有维生素 B_2，常吃能辅助预防宝宝口舌生疮。

二米大枣粥

原料

小米、粳米各 50 克，大枣 5 颗，水适量。

做法

1. 大枣洗净，用温水泡软。

2. 小米和粳米淘洗干净备用。

3. 锅中加入清水，烧开后加入小米、粳米、大枣，大火烧至滚沸，再改成小火慢熬至黏稠即可。

功能

小米含有丰富的 B 族维生素，可防止消化不良，具有健胃除湿的功效。

鸡汁草菇汤

原料

煮好的鸡汤1碗，鲜草菇5~6个。

做法

1. 鸡汤先煮。

2. 草菇洗净后切片。

3. 将鸡汤煮沸后，加入草菇片，再煮5~6
   分钟即可。

肉松饭

原料

鸡肉末 1 大匙，米饭 1 碗，水少量。

做法

1. 将鸡肉末放入锅内，加少量水煮，边煮边用筷子搅拌，使其均匀混合，煮好后放在米饭上一起焖。

2. 饭熟后盛入小碗内，即可食用。为提高孩子兴趣，还可切一片胡萝卜放在米饭上作为装饰。

功能

本品含有足够的蛋白质和丰富的脂肪、铁、钙、磷、锌及维生素 A 等营养素。

12 个月

宝宝一日营养计划

上午	6：00 母乳或配方奶 250 毫升
	9：00 鲜肉小包子 30 克，豆奶 150 毫升
	10：30 蛋糕 50 克
下午	12：00 软饭 35 克，清蒸鱼 120 克，菠菜汤 70 克
	15：00 水果 150 克
	18：00 番茄鸡蛋面 120 克
晚上	21：00 母乳或配方奶 250 毫升
鱼肝油	每天一次
其他	保证饮用适量白开水

芝麻酱拌豇豆

原料

豇豆 100 克，香油、芝麻酱各少许。

做法

1. 把洗净的豇豆放入开水烫熟，然后捞出凉凉。
2. 将芝麻酱和香油调匀，浇在豇豆上即可。

辅食，宝贝这样吃

萝卜鸡末

原料

鸡肉末50克，白萝卜100克，海米10粒，高汤适量。

做法

1. 萝卜切薄片，焯后控去水分。

2. 海米入汤煮开，把鸡肉末、萝卜片入锅，边煮边用筷子搅拌至熟透。

功能

该辅食能为宝宝提供蛋白质、维生素C等营养物质。

乳香白菜

原料

嫩白菜200克，牛奶80毫升，盐少许，水淀粉、油各适量。

做法

1. 将白菜洗净，切成筷子粗备用。

2. 锅置旺火上，将油烧至八成热，放入白菜炒至酥烂时放入牛奶搅匀，加盐，用水淀粉勾薄芡淋上即可。

功能

白菜的营养成分丰富，富含胡萝卜素、维生素、膳食纤维以及蛋白质、脂肪和钙、磷、铁等。

豆腐饼

原料

牛肉20克，胡萝卜1/5根，豆腐1/6块，油、牛奶、面包粉、蛋黄各适量。

做法

1. 将牛肉切碎，胡萝卜用擦菜板擦碎。

2. 将碎牛肉、豆腐、碎胡萝卜、牛奶、面包粉、蛋黄等拌在一起搅拌均匀至有韧性。

3. 将拌好的材料捏成扁平状的小饼，用煎锅将饼煎熟即可。也可根据孩子喜好加上一些别的蔬菜，如圣水果。

内酯豆腐

小饭桌提示：

内酯豆腐不同于传统的卤水豆腐的制作方法，可减少蛋白质的流失，且质地细嫩、有光泽。

原料

内酯豆腐100克，葱花、油各少许。

做法

1. 内酯豆腐切成小丁，放在盘子里码好。

2. 在炒勺里倒入少许油，油热后关火。

3. 把热油慢慢地浇在豆腐上。

4. 可在豆腐上撒点葱花提味。

鸡蛋软饼

原料

鸡蛋 1 个，面粉 30 克，油、水、葱花各适量。

做法

1. 将鸡蛋打散备用。
2. 在面粉中加入鸡蛋、葱花，放入适量水，调匀成稀糊状。
3. 平锅内擦少许油烧熟，将调好的鸡蛋面粉糊放入摊开，摊成软饼，烙透即可。

韭菜水饺

原料

面粉、猪肉、韭菜各适量，葱末、姜末、香油、酱油各少许。

做法

1. 猪肉洗净切碎，放入葱末、姜末、香油、酱油搅拌成肉馅；韭菜切细末，与猪肉馅充分搅拌。
2. 面粉和好，擀成饺子皮，将肉馅包入饺子皮中，捏饺子。
3. 锅里烧开水，把包好的饺子放进去煮熟捞出即可。

功能

韭菜富含维生素及矿物质。

莴笋拌银丝

原料

莴笋1根，龙须粉适量，油、葱丝、姜丝、花椒粒、醋、盐各少许。

做法

1. 将莴笋去皮、洗净，切细丝，用盐拌匀，放置10分钟，沥去水分，备用。

2. 把龙须粉放入锅中煮软，捞出后沥干水分，放在莴笋的上面。

3. 锅中放油，油热后放花椒粒煸出香味，捞出花椒粒，放葱丝、姜丝，炒出香味后倒在莴笋丝和龙须粉丝上面，再放醋，拌匀后即可食用。

功能

莴笋含有丰富的氟元素，对宝宝的牙齿和骨骼的生长有益。

香肠豌豆粥

原料

豌豆、大米、香肠、水各适量，油、葱丝各少许。

做法

1. 锅里放水，将香肠、豌豆、大米同时放入锅内，熬煮至粥黏软。

2. 炒锅上火，倒入油，油热后放葱丝煸香，然后将葱丝捞出，倒入煮好的粥锅里，凉凉后即可给宝宝食用。

功能

豌豆中富含维生素C和优质的蛋白质，胡萝卜素和粗纤维，还含有多种微量元素，是一种很好的健康食品。

鸡汤青菜小馄饨

原料

鸡胸肉50克，馄饨皮10个，鸡汤350毫升，时令青菜、葱末、姜末、香油、酱油各适量。

做法

1. 将鸡胸肉洗净剁碎；时令青菜剁碎后挤出水分。

2. 把鸡肉末、青菜末、葱末、姜末、香油、酱油搅拌均匀，调成馅料，用馄饨皮包10个小馄饨。

3. 将鸡汤倒入锅中烧开，下入小馄饨，煮熟即可。

功能

青菜中大都含有矿物质和维生素。而各种青菜中，小白菜所含的钙是大白菜的2倍，所含维生素C约是大白菜的3倍多，所含胡萝卜素是大白菜的74倍，所含的糖类和碳水化合物略低于大白菜。

炒虾仁

原料

虾仁50克，油、料酒、葱丝、盐、淀粉各适量。

做法

1. 将虾仁洗净后捞出沥干。

2. 锅里放油，烧热后把葱丝爆香，放入虾仁、料酒煸炒，再放入盐，最后用湿淀粉勾芡装盘。

虾仁蛋饺

原料

虾仁100克，鸡蛋2个，小白菜50克，油适量。

做法

1. 将虾仁洗净切成丁，放入碗中。

2. 小白菜去根洗净切碎，与虾仁放在一起搅匀。

3. 鸡蛋打入碗中，搅拌均匀。

4. 锅中倒入油烧至五成热时，倒入部分蛋液，炒熟捣碎，放入虾仁中拌成馅。

5. 取平锅，放少许油，油热后，舀一勺蛋液放入平底锅中，把蛋液逐一摊成圆皮，每个皮中放一份馅，将蛋皮反折，包成蛋饺。

6. 把蛋饺放入蒸锅中蒸10分钟左右即可。

辅食，宝贝这样吃

土豆沙拉

原料

土豆、鸡蛋各1个，洋葱1/2个，面粉、油、醋、盐、白糖各适量。

做法

1. 将土豆洗净煮熟，去皮，切成小圆片放入盘中；鸡蛋搅散；洋葱切碎。

2. 锅里倒油，油热后加入洋葱稍炒，加入面粉、盐、白糖搅拌，搅拌均匀后加入水，炖2分钟，同时持续搅拌，再加入鸡蛋液和醋，调成沙拉。

3. 将沙拉倒入盛土豆片的盘中即可。

功能

土豆含多种维生素和微量元素。

排骨金针菇汤

小饭桌提示：

金针菇又称智力菇，其营养成分丰富；炖煮时水不要加太多，过程当中不要加水；不要选太大、太白的金针菇，不超过15厘米，菇头不是散开的，大小均匀的最好。排骨选嫩一点的小排更好。

原料

排骨100克，金针菇50克，水适量，盐、芹菜末各少许。

做法

1. 将排骨放入盛有凉水的锅内，不用加油，大火煮沸。

2. 加入金针菇，小火慢炖30分钟（1小时更好），放点盐和芹菜末即可。

奶香冬瓜

原料

冬瓜 150 克，配方奶 100 毫升，虾仁适量，葱花、湿淀粉少许。

做法

1. 将冬瓜削皮，洗净，切片；虾仁用水洗一下，浸泡。
2. 将汤锅置于火上，放入配方奶、冬瓜、虾仁，熬煮至冬瓜烂熟，用湿淀粉勾芡后再撒上葱花即可出锅。

功能

冬瓜富含蛋白质、维生素，及钾、钠、钙、铁、锌等多种营养素。

凉拌茄子

原料

茄子 100 克，香油适量。

做法

1. 将茄子洗净，削皮，切成 2 厘米的小段，放在碗里上屉用旺火蒸 10 分钟。
2. 待茄子软烂后，滗汁，倒入盘中。
3. 凉凉后加入香油，拌匀即可喂给宝宝。

小饭桌提示：

在茄子的所有吃法中，拌茄子是最健康的，拌茄子加热时间短，因此营养损失最少，利于宝宝吸收。

辅食，宝贝这样吃

给宝宝的应季配餐

宝宝的春季营养配餐方案

春季应多给宝宝提供富含钙和维生素的食品，如虾皮、海鱼、贝类、海带、虾类、绿色蔬菜、牛奶和豆制品等，以保证宝宝得到充足的营养。春季，食味宜减酸，以甘为主，因为春季肝气旺会影响脾，多吃甜食可增强脾的功能。妈妈可为宝宝提供冰糖、枸杞、桂圆、大枣、红糖等食物，以增强宝宝的抵抗力，促进宝宝健康成长。

宝宝的夏季营养配餐方案

夏季天气炎热，宝宝出汗较多，消化功能弱、易出现食欲不振，是宝宝体能消耗最大的季节。夏天应多给宝宝吃清淡消暑的食品，如绿豆、苦瓜、丝瓜、西瓜翠衣、菊花、冰糖等。同时，为保证蛋白质的摄入量，应选择精猪肉、鱼类、禽肉等食物。禽肉营养价值与畜肉相似，但禽肉脂肪含量少，其所含的氨基酸与人体组织蛋白质结构相近，易被人体消化吸收。

宝宝的秋季营养配餐方案

秋季多风干燥，再加上夏日人的体液消耗过多，所以食物应以滋阴润肺为原则，多给宝宝吃新鲜果蔬，如柑橘、桃、橄榄、秋梨及新鲜蔬菜等。同时增加芝麻、乳品、蜂蜜、核桃、大枣等具有润肺养血作用的食物。

宝宝的冬季营养配餐方案

冬季天气寒冷，宝宝既要储存热量抵抗寒冷，又要摄取身体发育需要的营养。可给宝宝适量的甜食，如小汤圆、赤豆、芋头、红薯、红烧小肉等菜肴和点心。为宝宝提供由冰糖、葱白、白菜、白萝卜熬煮的三白汤，或由老姜、大蒜、大枣、红糖等熬煮的具有驱寒、防感冒效果的保健营养汤。

第五章

食育：为宝宝培养健康的饮食习惯和正确的价值观

　　食育是来自于日本的教育观念，目的是让宝宝从小养成好的进食习惯。学会均衡饮食和规律用餐，对于宝宝未来的成长十分重要。食育可以让宝宝从小意识到营养搭配的重要性，从而自觉地养成不挑食的习惯；食育还重点强调了好的用餐习惯，让宝宝规律生活，健康成长。

什么是食育

食育的概念来源于日本，由日本食育理论先驱者石塚左玄提出。他首先提出了"体育、智育、德育即食育"的概念，并且向民众普及并倡导食育。他将营养学与身心健康联系起来，形成"食养之道"，即食物加上修养。

食育的来源

由于饮食不规律加上工作学习压力增大，越来越多饮食导致的疾病蔓延开来。为了应对这些问题，日本于 2005 年 6 月公布了《食育基本法》来推进食育。通过对孩子们进行饮食教育，提高孩子们的饮食行为修养与能力，教育他们实践健康合理的饮食生活。

为什么宝宝需要食育

如果宝宝从小就饮食习惯不规律，不仅会影响身体健康，也会影响孩子的心理健康与行为习惯。现在世界各国都在开展针对孩子们的食育活动，效果显著。社区和学校会开展普及食育的活动，推广健康的饮食习惯，用以帮助宝宝们从小学会如何健康生活。

均衡营养，让宝宝了解健康的饮食习惯

从给宝宝制定食谱开始，每天都要保证基本营养元素的摄入，尤其是富含维生素的蔬菜水果，一定要坚持每天给宝宝准备。随着宝宝年龄增长，逐渐帮助他们规律化一日三餐的用餐时间，养成到点进食的习惯。

从小培养宝宝的价值观，让宝宝成为更好的人

宝宝需要自己思考自己决定的能力，但这种能力是需要爸爸妈妈帮助培养的。从饮食量到饮食种类，都需要让宝宝渐渐了解。更应该让宝宝自己动手去吃，感受食物的存在，亲近食物，才能珍惜食物。

如何进行食育

　　吃饭本身是一件快乐的事情。如果宝宝不喜欢吃饭，那么就要想办法激发他们对食物的兴趣。要让宝宝认识到，吃饭不是一项任务，而是享受美食的一段快乐时光。可以从用好看的桌布、围嘴、餐具等开始，将宝宝吸引到餐桌上。

从食物入手，吸引宝宝对食物的兴趣

　　食物本身就是非常具有吸引力的。不同的味道以及各异的形态，都是非常值得让宝宝亲自去感受和体验的。不要怕宝宝弄脏餐桌或衣服，只有亲自去触碰食物才能了解它们，珍惜它们，并且渐渐学会感谢它们。可以试着培养宝宝对食物的感恩之心，了解食物为人体带来的巨大能量，与生产制作背后所蕴藏的辛勤努力。

爸爸妈妈对于宝宝潜移默化的影响

　　爸爸妈妈除了要以身作则健康饮食之外，更要注意宝宝饮食的点点滴滴，及时指导，帮助他养成良好的饮食习惯。从基本的餐桌礼仪到食物分配，宝宝一步步了解如何敬人敬己，学会在餐桌上和谐快乐地与他人一起进食。

安排宝宝的用餐时间

在宝宝的成长过程中，对于食物的喜好和认知大多会受父母或身边之人的影响，并且会向他们学习。在此过程中，如果父母或其他监护人能够妥善地帮宝宝安排好用餐时间和用餐环境，那么家庭的用餐环境也会变得温馨和谐。这样可以促进家庭成员之间的互动，并且让宝宝从小养成好习惯。

不要让宝宝随时随意吃零食

宝宝的胃容量很小，所以经常一顿饭所吃进去的食物不足以支撑到下一顿，因此宝宝餐间很有可能会感到饥饿。很多父母此时便会准备小点心给宝宝随时吃。这样一来，宝宝往往很容易蛀牙，而且到了吃正餐的时候反而会食欲低落。建议爸爸妈妈给宝宝采取少量多餐的方式，安排一个合理的进餐和食用点心的时间表。

定时用餐

宝宝的用餐时间并没有特定的标准，只要养成规律即可。其中三顿正餐可以配合家里的正餐食用时间来计划，并且每两餐之间增加一次点心时间，这样的话宝宝每日 5 ~ 6 餐就够了。

打造好的用餐氛围

宝宝和成人不一样，不太能自己控制饮食时间。规律用餐能让宝宝拥有良好的作息，并且防止饥饿或者饮食过饱的发生。大人与宝宝一起进行一日三餐，能够使家庭关系更亲密，大家一起在餐桌上分享一天的所见所闻，一起欢笑，能够让宝宝感受到家庭氛围的愉悦，并且感受到被关爱的感觉，让宝宝觉得吃饭是一件很有趣快乐的事情。

避免外在环境干扰

很多家庭可能会有在电视机前用餐的习惯，但这样的习惯不但让宝宝无法专心进食，也会减少家人间的对话互动。建议爸爸妈妈关上电视，可以放些轻柔的音乐，一家人一起享受用餐时间。在共同用餐的过程中，宝宝不断地从生活经验中学习技能，如餐具的使用和一定程度的餐桌礼仪。

父母的以身作则

身为宝宝的学习与模仿对象，爸爸妈妈的进食习惯与喜好也会影响小朋友。比如，如果要让孩子喜欢吃蔬果，家人也必须经常吃蔬果，并且真心去喜欢这些食材。

避免强迫进食

宝宝有时候会拒绝饮食，导致这个问题的原因很多，可能是因为上一餐尚未消化，或者因为生病，或者外在环境使宝宝分心，食物味道不好，餐点种类重复等因素。建议爸爸妈妈先找出宝宝拒绝进食的原因，暂缓进食或者更换烹调方式。大声地呵斥或者强迫宝宝进食，反而会容易让宝宝对食物与吃饭留下不好的印象，让宝宝产生抵触情绪。

宝宝喂食困难

宝宝喂食困难问题是指宝宝在饮食上出现偏挑食行为。常见的这类行为包括：食量少，只吃少数几种食物、水果或蔬菜，不愿意尝试新食物，用餐时容易发脾气或者中断，用餐时不专心或者花很长时间，对于特定的食物会有强烈的偏好，比较喜欢喝的而不喜欢咀嚼，甚至有些宝宝对特定食物有强烈的恐惧感。

宝宝喂食困难有哪些原因

潜在的疾病问题

宝宝通常会有潜在疾病的警示讯号，例如吞咽困难、生长迟缓、腹泻等症状出现。这样的情况必须进行适当的疾病治疗，由此才能解决由身体不适所产生的喂食困难。

父母过度担心

有的宝宝本身没有偏挑食的饮食问题，成长状况也大多不错。但父母有时候过度期许宝宝能成长得更好或者吃得更多一些，由此产生过度的担心并且采用强迫性的喂养行为。长期下来，反而导致亲子关系恶化。爸爸妈妈在衡量宝宝偏挑食的倾向时，也应该咨询医生，以避免因为错误认知与过度期许，而导致亲子关系的恶化。

胃口有限

好奇、固执、易受吸引、不够专注是这类宝宝的特点。宝宝对吃兴趣低落，导致宝宝用餐时容易边吃边玩，所以通常需要耗费长时间喂食。为了解决这类型的偏挑食行为，爸爸妈妈首先必须帮助宝宝建立饥饿感和吃东西后的饱足感，来促进宝宝的食欲与意愿。

感官性挑食

主要来自于孩子本身极度敏感的知觉，宝宝因食物特定的口味、温度、颜色、外观等，而失去尝试食物的兴趣。这类宝宝往往可能有其他感官敏感的情况，如对噪音或强光非常敏感等。爸爸妈妈应该从孩子能接受的食物开始，以诱导而不是强迫的方式，逐步增加孩子尝试新食物的意愿。

畏惧进食

部分宝宝会因为过去经历过不愉快的进餐经验，例如吞食时哽噎或曾经因为疾病需进行插胃管，而影响其对于食物主观性的印象，增加对某种事物的恐惧及排斥。爸爸妈妈可以通过技巧性的教养方式减轻宝宝的排斥，例如在宝宝放松或想睡的时候喂食，可以减少宝宝对进食的敏感度。

被忽视

　　这类宝宝通常会展现冷漠或疏离的互动关系，主要是因为照顾者对于孩子的忽视与漠视。因此，这种类型的问题经常发生于社会或经济状况不佳，或者照顾者本身也有发展方面问题的家庭。要改变这类宝宝的状况，最有效的方式就是寻求其他有经验且热情的代养者来照顾。

帮宝宝寻求专业协助

　　2013 年国内多家医学中心针对喂食困难儿童进行追踪研究发现，偏挑食儿童六大类型的喂食困难，可以借由制定的诊断工具，经过儿科医师或者专业的儿科营养师评估，客观有效地诊断出前述的六种喂食困难问题。医师或者营养师可以依据类型提供给家长有效的改善方案，以协助爸爸妈妈们解决宝宝的偏挑食问题。

怎样预防及改善宝宝的偏挑食行为

几乎每个宝宝在接近 1 岁的时候都会出现一些偏挑食行为，对食物产生喜欢或者讨厌的情绪。那么作为爸爸妈妈，怎样解决这一问题来保证宝宝的营养呢？

了解宝宝为什么偏挑食

咀嚼训练尚未发展完成

有些宝宝可能是在添加辅食的阶段，没有做好牙齿及嘴巴的肌肉咀嚼训练，所以他们只吃白饭、白面等质地较软的淀粉类，没有顺利发展到吃大块蔬菜或肉类等较难咀嚼、质地较粗食物的阶段。此时，家长要尽量挑些质地与淀粉类同样松软的食物让宝宝食用，如豆腐、蛋、肉泥、菜泥等，也可以让宝宝喝菜汁或者果汁来补充缺乏的营养素。渐进式地将蔬菜、肉类藏于淀粉食物中，以训练宝宝的咀嚼能力，再根据宝宝的接受程度慢慢地增量。

宝宝也在探索自己的饮食口味

宝宝的饮食习惯是会不断改变的，因此在他坚决不肯尝试某种食物时，家长不要太过坚持，可以过几天或者几个星期再让他尝试，不要用逼迫的方式，否则只会加深孩子对这种食物的反感。

观察宝宝喂食后有没有不适感

有些宝宝肠胃功能有异常，也可能影响他的偏食行为，比方说肠胃道发育不完全的宝宝，吃了某些食物后可能引发腹痛，因此，就会害怕并避免吃这些食物。

偏食行为和先天的兴趣也有关系

有些小朋友比较不爱尝试新的食物，所以越早、越愉快的进食经验，会让他越容易接受一种食物。因此，若家长忽略宝宝接触辅食的阶段，宝宝可能就相对需要较长的时间才能适应那些没吃过的食物。

爸爸妈妈要有正确的饮食观念

如果爸爸妈妈本身就有偏食的习惯，给孩子吃的食物自然也会有营养不均衡的倾向。

避免负面饮食经验

有些宝宝处在长牙的阶段，如果爸爸妈妈给他们吃没有切得很碎，或者纤维很粗的青菜，造成他们咀嚼时不舒服或者咬很久都咬不断，会形成不愉快的进食经验；或是在吃某样食物时曾经被卡到喉咙（如鱼刺），或烹调时一时没注意，让宝宝吃到很辣的味道等，都可能会让他们对这样的食物及其他外形类似的食物产生害怕的感觉，于是就会不敢吃。针对这种情况，爸爸妈妈应该从少量供给食物开始，慢慢鼓励宝宝尝试，并且吃给他看，让他对这种食物渐渐放心，才有办法接受。

辅食，宝贝这样吃

避免培养好吃零食、甜食与重口味食物的习惯

有些爸爸妈妈因为忙碌而无法经常陪伴孩子，基于补偿的心理，就会用"吃"来满足、安抚孩子，例如为了让孩子高兴，就买很多他爱吃的零食、甜食给他，并且纵容他想吃多少就吃多少，这样的情况也很容易造成孩子的偏挑食行为。如果让孩子太早接触重甜、重咸的食物，味觉被刺激久了，就会习惯这种强烈的味道，对于一些较为清淡的食物，就会感觉没味道而选择不吃。

有助于改善偏挑食行为的小办法

花点心思准备食物引起宝宝的兴趣

爸爸妈妈可以利用宝宝喜欢色彩的特点，在准备食物时多花点巧思，利用蔬菜水果的多种颜色来发挥创意。

适度接纳暂时性的挑食

在某段时间内特别不想吃某些东西，像这种暂时性的挑食只要不太严重，爸爸妈妈也不必烦恼，可以每隔一段时间让孩子尝试他不想吃的食物。

用鼓励来替代过度奖赏、责骂或逼食

宝宝坚决不肯尝试某种食物时，爸爸妈妈不要太过坚持，可以过几天再让他尝试，不要用逼迫的方式，否则会加深宝宝对该食物的反感。

让宝宝多尝试新食物，变换食物的烹调方式

让宝宝多尝试新食物，带领宝宝认识与欣赏食物，甚至适度参与食物的制作过程，不要完全避免孩子不爱吃的食物，试着变换食物的烹调方式，可以让宝宝渐渐接受原先不爱吃的食物。

不要让宝宝边吃边玩

边吃边玩容易养成偏挑食的习惯，并且吃饭时注意力不集中会减少宝宝对食物的体验感，还会导致宝宝三心二意的问题。

营造轻松愉快的用餐气氛

给宝宝一个愉快且轻松的用餐环境，这样可以减少宝宝的偏食行为。

宝宝厌食

　　"厌食"是指宝宝的食欲长时间减退甚至消失。长时间的厌食不但容易导致宝宝营养不良、妨碍成长，还有可能影响宝宝的身心发展。

宝宝为什么会厌食

　　宝宝厌食最常见的原因，有可能是因为对外界好奇而造成分心。

　　心理性偏食：来自不良的饮食习惯（如摄取过量高糖分食物）。

　　肠胃道疾病：胃食管逆流、消化性溃疡、慢性肠炎、急慢性肝炎等。

　　肠胃道以外的器官性疾病：先天性心脏病、脑神经系统疾病、慢性肾衰竭、慢性贫血或内分泌系统疾病等。

　　排斥过敏性食物：对于与过敏性食物的味道、形状、色泽等相似的其他非过敏性食物，也可能会产生拒绝食用的行为。

　　缺乏微量元素：如铁、锌、镁等缺乏会影响宝宝食欲。

　　环境影响：如温度太高、环境太吵等因素。

怎样改善宝宝的厌食问题

现代生活中宝宝的厌食、偏食、拒食，近一半是由于餐前情绪不良引起的。因此，建立良好的餐前情绪，并在用餐过程中从小培养宝宝良好的饮食习惯，有助于改善饮食问题。

不要因为宝宝不想吃饭而大声斥责

到了吃饭时间，如果宝宝正在专心玩耍而一时不想吃饭，这并不是故意克制食欲，而是精神作用暂时切断了空腹与食欲间的生理联系。爸爸妈妈可以通过用较为夸张的语气预告今天会有什么样的食物、味道如何，充分调动宝宝的食欲。千万不要在餐前大声呵斥、责骂孩子，这种做法对孩子的情绪影响非常大，会进一步加重偏食或厌食的情形。

别让宝宝单独进餐

很多爸爸妈妈没有意识到和宝宝一起进餐的重要性。让宝宝单独进餐有两个明确的弊端：一方面，宝宝长期单独进餐，会使其产生强烈的孤独感和被遗弃感，会认为父母对自己的生活漠不关心，这种感受会逐渐从餐桌一直延伸到生活中，而最终影响到性格养成，并且影响亲子关系。另一方面，宝宝单独进餐多会根据自己的喜好进食，只吃自己爱吃的食物，长期下来会逐渐养成不良的饮食与生活习惯。

培养宝宝从小养成良好的饮食习惯

爸爸妈妈要少给宝宝吃零食，是好不吃零食，培养其有规律、定时定量进食的良好习惯；为宝宝进食创造良好的心理环境，不强迫进食，避免宝宝产生拒绝进食的逆反心理。

正向看待宝宝的偏食

因为人类对食物的选择范围非常宽泛，所以只要不会导致体内营养失衡，就不要过分担心宝宝偏食。

寻求帮助

如果上述的方法仍然无法改善厌食问题，则需求助儿科专科医师的帮助，儿科医师可以提供生长发育评量，以找出生长迟缓宝宝的适宜解决方式，治疗病理性厌食（如贫血、生长迟滞、活力不佳）的宝宝。

宝宝可以吃零食吗

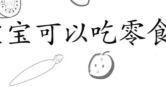

　　几乎所有的宝宝都喜欢小零食的味道，但类似饼干这样的零食往往含有过多糖分、脂肪、碳水化合物等，过量摄取将会给宝宝造成身体上的危害。零食并非完全不可以吃，但如何让孩子吃得适量、吃得适时、吃得适当，就有赖于爸爸妈妈的悉心安排了。

宝宝如果常吃零食，对他的身体健康会有什么影响

　　零食会扰乱宝宝的肠胃活动规律，影响消化功能及正餐的摄取；加上零食口感一般都比较浓厚，如果宝宝从小就养成习惯吃重口味的食物，不仅会使味觉敏感度下降，也会影响到日后饮食习惯的养成。甜食容易导致蛀牙。此外，甜食与零食的热量较高，容易造成肥胖问题。另有研究表示，过量甜食可能使宝宝注意力不容易专注，甚至有多动倾向，智能发展也会受到负面影响。

适合的点心让宝宝健康成长

限制零食供应量

　　爸爸妈妈不要经常准备零食给宝宝，同时避免将零食放在宝宝方便拿到的地方。

固定时间吃点心

　　点心时间最好安排在两餐之间，不要在正餐前半小时到 1 小时吃。每次加餐分量不要太多，以免影响正餐食欲。

第六章

专家解答宝宝辅食添加误区及相关疾病

　　宝宝6～12个月之间是添加辅食最合适的时间，但免不了会出现各种各样的问题。从消化道疾病到营养不良，这些问题都需要爸爸妈妈格外关注。本章中列举了宝宝这一时期最常见的一些疾病，可以帮助爸爸妈妈提前预防。当然，如果宝宝出现了过敏、脱水等紧急状况，应该第一时间寻求专业医师的帮助。

辅食添加得过早或过晚

过早给宝宝添加辅食

　　有些妈妈认识到辅食的重要性，认为越早添加辅食越好，可防止宝宝营养缺失。于是宝宝三四个月大就开始添加辅食。殊不知，过早添加辅食会增加宝宝消化系统的负担。因为婴儿的消化器官很娇嫩，消化腺不发达，分泌功能差，许多消化酶尚未形成，不具备消化辅食的功能。消化不了的辅食会滞留在腹中"发酵"，造成宝宝腹胀、便秘、厌食，也可能导致肠蠕动增加，使大便量和次数增加，从而造成腹泻。

过晚给宝宝添加辅食

6 个月的宝宝对营养、能量的需求大大增加了，光吃母乳或牛奶、奶粉已不能满足其生长发育的需要。而且宝宝的消化器官逐渐健全，味觉器官也发育了，已具备添加辅食的条件。同时，6 个月也是宝宝的咀嚼、吞咽功能以及味觉发育的关键时期，延迟添加辅食，会使宝宝的咀嚼功能发育迟缓或咀嚼功能低下。另外，此时宝宝从母体中获得的免疫力已基本消耗殆尽，而自身的抵抗力正需要通过增加营养来产生，若不及时添加辅食，不仅会使宝宝的生长发育受到影响，还会使宝宝因缺乏抵抗力而引发疾病。

用奶瓶喂食

用奶瓶给宝宝喂辅食，会对宝宝以后的饮食习惯产生不良影响。家长耐心演示给宝宝看怎么吃，宝宝会慢慢接受汤匙的。

添加的辅食过细或过多

给宝宝添加的辅食过细

有些妈妈担心宝宝的消化能力弱，给宝宝吃的都是精细的辅食。这会使宝宝的咀嚼功能无法得到应有的训练，不利于其牙齿的萌出和萌出后牙齿的排列。另外，食物未经咀嚼不利于味觉的发育，难以勾起宝宝的食欲，还会影响宝宝面颊的发育。长期下去，不但拖累宝宝的生长发育，还会影响宝宝的容貌。

给宝宝添加的辅食过多

宝宝开始进食辅食后，妈妈不要操之过急，切忌不顾食物的种类和分量，任意给宝宝添加。因为宝宝的消化器官毕竟还很柔嫩，有些食物根本消化不了。任其发展，一来会造成宝宝消化不良，还会造成营养不平衡，让宝宝养成偏食、挑食等不良饮食习惯。

过早加盐和其他调味品

　　很多妈妈在给宝宝做肉泥、菜泥等辅食时，习惯按照自己的口味给宝宝加盐和其他调味品，觉得这样食物才有味道，宝宝才爱吃。其实，这是一种非常错误的做法。

　　宝宝的肾脏发育还不健全，如果辅食中的盐过多，会加重宝宝肾脏的负担。我国居民高血压高发与饮食中食盐的摄入量过多有关，如果人在婴儿期就习惯吃较咸的食品，长大后饮食也会偏咸，长期下去，患高血压的概率会大大增加。另外，婴儿的味觉正在完善，对调味品的刺激比较敏感，宝宝常吃加调味品的食物，易养成挑食或厌食的习惯。所以，别过早在宝宝的辅食中加盐和其他调味品。

宝宝生病时仍添加辅食

　　婴幼儿在感冒发热或腹泻生病期间，身体会处在高致敏状态，抵抗力低下，若这时再为其加辅食，就会加重其胃肠道负担，易导致过敏或引发胃肠道疾病。对1岁内的宝宝来说，增加辅食应在其身体状况良好的情况下进行，循序渐进，不能着急。新添加一种食物时，应严密观察其有无不适或过敏的现象，如有上述症状，应停止喂食这种辅食。宝宝若出现休克、荨麻疹等过敏症状，应及时送医院治疗。

零食当作辅食

　　主食以外的糖果、饼干、点心等就是零食。已经能够吃一些固体辅食的 10 个月大的宝宝，也可以适当吃一些零食。但辅食的营养含量比零食高，所以不能把饼干等零食当作宝宝的辅食，以防宝宝吃饱零食而不吃正餐。零食可以作为加餐，在正餐后一段时间少量给宝宝吃。

和别人家孩子的食量相比较

　　妈妈要根据自家宝宝的营养需求、消化能力和发育水平及时适量地给宝宝补充营养，不要盲目和别人家的孩子比较吃多吃少，甚至吃什么。

　　宝宝消化蛋白质、脂肪、维生素、矿物质等营养素的能力是逐步成熟的，过早地添加辅食反而有害。如某些蛋白质通过肠壁进入宝宝体内成为抗原，会诱发过敏反应。此外，肠黏膜对营养素的吸收能力、对有害物质的阻断作用也要随着宝宝的生长进一步完善。因此，添加辅食时，应根据宝宝的消化能力，先添加谷类食品，然后加水果、蔬菜，最后加肉类食品。

　　鱼、肉、豆制品可以补充蛋白质，鱼类的纤维细、短、嫩，容易消化，适合刚开始吃荤菜的小宝宝；猪肉、牛肉、羊肉的纤维长、粗，但含有更多的铁、锌等微量营养素，适合月龄稍大的宝宝。

吃辅食就不吃母乳了吗

宝宝的辅食与母乳摄入需要平衡，这两类食物都是宝宝重要的营养与能量来源，两者缺一不可。如果因为添加辅食突然强迫给宝宝断奶也会让宝宝因为恋奶而产生负面情绪，并且会由于心理压力造成宝宝腹绞痛，影响宝宝健康。在添加辅食之初，母乳或者配方奶仍应该是宝宝的主食，辅食的量要循序渐进地增加。

辅食，宝贝这样吃

宝宝饮食与营养摄入相关疾病

母乳性腹泻

母乳喂养的宝宝排便量不稳定，排便次数比较多，一般为每日 2～5 次，多则 10 余次，大便呈黄色稀糊状，有时会带有一些小颗粒。一些父母误认为这是奶瓣没有消化所致，其实这些小颗粒是由于母乳吸入过多，其成分凝固所致。泡泡状大便也是一种很常见的母乳性排便。还有一些宝宝几乎每次食用母乳后都要排便，但便量少且稀。

母乳引起的腹泻应视为正常现象，可能与吸入母乳量较多或妈妈食用大量蛋白质和脂肪有关。这时，妈妈需要调整饮食，减少脂肪类食物的摄入，多吃清淡食物。同时定时给宝宝喂奶，控制喂奶次数。只要宝宝胃肠功能好，体重增长正常，就不必担心母乳性腹泻，出生 2～3 个月后这种情况会逐渐减少。

生理性腹泻

多见于 6 个月以内偏胖的宝宝，这类宝宝往往出生不久就开始腹泻，大便次数多、呈稀糊状、夹杂一些泡沫或颗粒，无其他症状，食欲好，生长发育不受影响。一部分宝宝伴有湿疹，添加辅食后大便逐渐转为正常。也有专家认为，这与宝宝乳糖不耐受有关。建议食用乳糖不耐受奶粉。

喂养不当性腹泻（消化不良）

喂养不当可引起腹泻，原因主要为喂养不定时，喂奶量过多，过早添加米粉、果汁、肉汤等辅食，或给宝宝吃对肠道有刺激性的食物，如富含纤维素的食物、食物调料等。

喂养不当性腹泻只需停用添加不当的食物和减少喂奶量即可缓解，大多数宝宝都能恢复正常。但也有一部分宝宝好转得比较慢，可能与胃肠道功能紊乱有关。

秋季腹泻

秋冬季节，腹泻是婴幼儿最常见的病症，以粪口传染和呼吸道传染为主，局部地区有流行趋势。

症状

病初有发烧和呼吸道感染表现，大便次数多、量多、水分多，呈蛋花汤样，无脓血和酸臭味。如果不给予及时治疗，可引起脱水。自然病程 3 ～ 8 天，少数宝宝的病程较长，可达 1 ～ 2 周。

治疗与护理

治疗以止泻、助消化、补液等为主。

感染轮状病毒后 1～3 天即有大量病毒从大便中排出，最长可达 6 天。所以，这几天一定要将患病的宝宝与其他宝宝进行隔离。护理人员要注意清洁卫生，给宝宝喂奶前或处理粪便后一定要仔细洗手，防止将病菌传染给其他宝宝。

肥胖

目前我国肥胖儿童正以每年 5%～8% 的速度增长。儿童肥胖已成为无法回避的问题，幼儿多以单纯性肥胖为主。

原因

遗传是引发肥胖的重要因素。此外，肥胖的形成与后天的饮食、活动、生活习惯，以及家庭与社会的心理因素等关系也极为密切。不健康或不合理的生活方式是造成肥胖的主要原因，包括喜欢吃高糖、高脂肪、高热量的食物，饮食丰富但不均衡，营养元素单一，活动量少，缺乏运动等。

危害

　　肥胖的宝宝容易生病，尤其容易患反复性呼吸道感染、支气管肺炎等疾病。过度肥胖会引起肺通气不良，过于肥胖的宝宝还可出现睡眠不安，呼吸急促、哮喘等症。过度肥胖的宝宝往往不喜欢运动，久而久之会影响他的运动能力和智力发展。

对策

　　一般来说，婴幼儿期肥胖者成人之后持续肥胖的概率比较高。这类宝宝的家长应在饮食方面注意，不要给宝宝食用过多高热量、高脂肪的食物，像油炸食物、奶油、糖类等零食一定要少给宝宝吃。可让宝宝加强身体锻炼，增强身体能量的消耗。必要时，还可以寻求医生的指导和帮助。

营养不良

症状

营养不良是一种营养缺乏症，由摄入的热量和蛋白质不足所导致，常发于 3 岁以下的宝宝。主要表现为体重不增加或下降，体格瘦小，皮下脂肪少，容易并发多种营养素、维生素、微量元素的缺乏和严重的感染。如果出现这种情况，应及时进行治疗，宝宝会很快恢复健康。

原因

宝宝患营养不良的原因主要有喂养不当、蛋白质摄入量不足等；人工喂养的婴幼儿奶制品冲调不合理，如牛奶或奶粉浓度过低；以谷物（如米粉等）为主食，而奶量不足；疾病（如反复性腹泻、急慢性传染病等）引起消化吸收障碍；长期发热、活动量过大等。某些先天不足或生理功能低下，如早产、双胞胎等也易引起营养不良。

危害

营养不良可以引起全身各器官(如脑、心、肺、肝、肾等)的功能障碍。值得一提的是，0～3 岁的宝宝大脑发育最快，在这一阶段，如果提供的营养物质不足，很可能会使宝宝脑细胞的大小、数量和分裂增殖过程受到抑制，严重者甚至可出现永久性脑细胞不发育。营养不良儿常常合并有营养性贫血、多种维生素和微量元素缺乏等症，表现为佝偻病等。

对策

　　婴幼儿期最好采用母乳喂养，对早产儿更应该强调母乳喂养；按时添加辅食，补充各种维生素和微量元素，尤其应注意补充优质蛋白质；保证宝宝有充足的睡眠，确保宝宝精力充沛，食欲良好，机体功能达到最好状态；给宝宝的辅食多样化，防止其偏食；尽量少让宝宝吃零食，以免影响其正常饮食；加强户外活动，带宝宝进行身体锻炼，增进宝宝的食欲，提高睡眠质量。

维生素 D 缺乏性佝偻病

　　维生素 D 是促进机体钙质吸收的主要物质，维生素 D 缺乏可导致机体钙质吸收障碍，引发骨骼发育异常。维生素 D 缺乏性佝偻病引起的低钙血症可引发惊厥、喉头痉挛，危及生命。

原因

　　主要与饮食中维生素 D 摄入不足、紫外线照射不足及宝宝生长发育过快等有关。

主要表现

　　早期表现为烦躁不安、夜惊、睡觉多汗。

　　严重者出现骨骼畸形，如囟门大或闭合晚、出牙慢、胸部呈鸡胸或漏斗胸、"O"形腿和"X"形腿等。

　　全身肌肉松弛，运动发育落后。

　　免疫力低下，易引发感染。

治疗

治疗方式以补充维生素 D 和钙剂为主。

人工配方奶粉中已经添加了维生素 D，因此人工喂养儿补充维生素 D 时要考虑配方奶中维生素 D 的量。通常每日补充预防量的一半量（如每天半粒鱼肝油）就可以了。母乳中维生素 D 含量很低，宝宝每天摄入量仅有 20～30 单位，因此每日至少要补充 1 粒鱼肝油。

预防

正常宝宝出生后 2 周开始服用维生素 D，每日需要 400～800 单位，一直服用到 1 岁。

早产、双胞胎、多胞胎和冬天出生的宝宝，出生后 1～2 周开始口服维生素 D，每日需要 500～1000 单位。

提倡母乳喂养，及时添加辅食，让宝宝多吃富含维生素 D 的食物。

尽量到户外活动，接受日光照射。

如果从膳食中摄取的钙质不足，应适当补充钙剂，一般每日需要 100～200 毫克。

锌缺乏

原因

锌是人体重要的微量元素之一。宝宝缺锌的主要表现为食欲不佳、生长发育缓慢、免疫力低下等。

预防

锌存在于所有动物性食物中，如鸡蛋、肉类、豆制品中含量丰富；植物中含量较少。现在配方奶粉中也添加了足量的锌。因此只要母乳充足或选择含锌量充足的配方奶，并及时添加辅食，宝宝不挑食、不偏食，就不会缺锌。

治疗

轻度缺锌的宝宝只需要通过饮食补充锌就可以了，严重缺锌的宝宝需要在医生的指导下补充锌制剂。

贫血

宝宝贫血主要以营养性贫血为多见。

原因

虽然宝宝出生时通过母体贮存了一定量的铁质，但这些铁仅仅够用6个月。宝宝生长发育迅速，血液量增加也很快，对造血原料的需求也在增加，如果6个月大时没能及时获取其他营养食品，就会出现缺铁性贫血。

如果宝宝体弱多病，反复出现呼吸道感染、发热、食欲减退或腹泻等症状，也会影响身体对营养物质的吸收和利用，从而引起贫血。

辅食，
宝贝这样吃

表现

早期贫血容易被忽视，经常是到医院查血之后才被发现。细心的父母会发现宝宝面色苍白、消瘦、食欲不好、精神差，有时会无端哭闹、烦躁易怒、入睡困难，这些都是贫血的表现。一些贫血儿会反复出现全身感染性疾病，如呼吸道感染、肺炎、肠炎等。

预防

营养性贫血的预防应该尽早开始。母乳喂养儿应从 6 个月开始逐渐添加各类辅食；妈妈也要摄入含有铁质的食物，如蛋黄、肉类、动物肝脏、蔬菜等；人工喂养儿应遵照配方奶粉足量喂养，及时添加各类辅食和营养食品；对早产儿、低出生体重儿要尽早添加铁剂，一般在生后 2 个月左右开始添加。

治疗

营养性贫血的治疗很简单，补充铁质和维生素 C 及维生素 B_{12} 或叶酸。使用铁剂时，最好服用维生素 C，以促进铁质的吸收和利用。维生素 B_{12} 和叶酸应在医生的指导下进行使用。

食物过敏

食物过敏引发的症状很多时候会随着宝宝年龄的增长有所改善，所以当宝宝出现异样反应时一定要沉着冷静。宝宝身体出现过敏反应的时候应该及时寻求医生的帮助，切勿擅作主张。

食物过敏的原理

食物过敏的原因是身体的免疫系统将新的食物当成了"异物"。婴幼儿通常容易对蛋类、乳制品、小麦等食物产生过敏反应。虽然这些食物是帮助宝宝健康成长的营养食品，但有时候还是会被婴儿的免疫系统当作威胁。

宝宝食物过敏的症状

食物进入身体后几分钟到几十分钟就产生明显症状的过敏被称为急性过敏，症状主要体现在皮肤上。而有的时候，食物进入身体一到两天才会产生症状的过敏被称为慢性过敏；由于慢性过敏反应相对迟缓，所以经常容易被忽略。

皮肤：瘙痒、变红、浮肿、荨麻疹、湿疹。

眼：充血、痒、眼周浮肿、眼脸肿胀。

消化系统：腹痛、腹泻、恶心、呕吐。

鼻：喷嚏、流涕、鼻塞、咳嗽、呼吸声重、呼吸困难。

口腔咽喉：口腔不适、肿胀、喉干、喉咙堵塞、喉咙刺痛。

宝宝过敏要寻求医生的帮助

如果宝宝出现了湿疹、荨麻疹与皮肤炎等症状，并且有可能是食物过敏造成的，爸爸妈妈务必要带宝宝去医院检查。如果爸爸妈妈有过敏史并且担心宝宝可能也容易过敏，可以去医院找专业的医生进行咨询。宝宝断奶之后才会真正表现出食物过敏，但断奶前专业的知识也会让爸爸妈妈信心更足地给宝宝准备辅食。

爸爸妈妈的过敏体质会遗传吗

过敏体质确实有遗传性，比如如果父母有花粉过敏或异位性皮炎，宝宝也可能会有类似的过敏情况，但过敏症状却不一定会显现出来。也就是说，过敏体质并不一定就会发生过敏反应。

嘴边斑疹是食物过敏吗

婴幼儿的皮肤比较脆弱，唾液可能会引起嘴边斑疹或溃疡，在开始食用辅食之后，食品中含有的盐分也可能引发斑疹。这种情况并不是因为某种食物而引起的，并不是食物过敏。要断定是否食物过敏，需要咨询专业医师的判断。